DON BOSCO
VERLAG

Dank an meine Eltern Antonia und Alfons Wilken, die mir durch ihre Erziehung den Sinn für Natur und Natürlichkeit, für einen wertschätzenden Umgang vermittelt haben.
Dank an alle Kinder, an den großen Kreis der Mitarbeiterinnen in den Kindergärten und Schulen und an alle Studierenden für alles, was ich mit ihnen lernen und erleben durfte und für alles, was sie zu diesem Buch beigetragen haben.
Dank an alle Freundinnen und Freunde, besonders an Hildegard, Helmut, Anke und Klaudia, die mir mit viel Geduld und Hilfe zur Seite gestanden haben.
Dank und Entschuldigung an die Kinder Britta, Tina, Katja, Robert, Kathi, Philip und Johanna, weil ich so oft, sooo wenig Zeit für sie hatte.
Dank an Dr. W. Real von der Deutschen Bundesstiftung Umwelt, Osnabrück, der mich ideell und finanziell in meiner Projektarbeit der „Elementaren Umweltbildung“ unterstützt hat und Dank an Prof. G. de Haan, der mir Mut gemacht hat, mich weiter für die Umweltbildung der Kinder zu engagieren.

Hedwig Wilken

# Kinder werden Umweltfreunde

## Umweltbildung in Kindergarten und Grundschule

Spiele, Ideen und Projekte

Don Bosco

Die Deutsche Bibliothek – CIP-Einheitsaufnahme

Ein Titeldatensatz für diese Publikation
ist bei Der Deutschen Bibliothek erhältlich.



1. Auflage 2002 / ISBN 3-7698-1341-3

Umschlag: Michael Brandel
Fotos: Jörg Michaelis, Bremen
Satz: undercover, Augsburg
Produktion: Don Bosco Grafischer Betrieb, Ensdorf

Gedruckt auf umweltfreundlichem Papier

# Inhalt

# Vorwort

Alle Kinder sollten Umweltfreunde sein und sie sollten die Möglichkeit haben, es zu werden! Der Sinn für die Natur und Umwelt, der „Umwelt-Sinn“, muss sich aber bilden können. Erlebnis- und Bewusstseinsprozesse sind wie Blumen, wie alles Lebendige, sie müssen gesät, gepflegt und im Wachstum unterstützt werden. Nur wer sich und das Leben liebt, wird pfleglich schützende Verhaltensweisen im Umgang wählen und sich mutig für den Erhalt des Lebensraumes und gegen Zerstörungen engagieren.

Kindern Lebens- und Lernräume zu bieten, in denen sie mit vielen Sinnen die Natur und Umwelt positiv erleben können, sollte Auftrag und Ziel jeder Pädagogik und speziell der Umweltpädagogik sein. Die Umwelt soll als schützenswerter Lebensraum erlebt und erkannt werden, ein umweltfreundliches Verhalten soll sich als selbstverständliche Haltung bilden können. Die Umweltbildung mit Kindern muss die ganz spezifische Natur- und Weltwahrnehmung des Kindes in den Mittelpunkt der Bildungsbemühungen stellen. Kinder brauchen heute, wenn die unmittelbaren Naturerlebnisse abnehmen, Angebote, Hilfen und Anregungen, um überhaupt noch eine positive Beziehung zu Natur und Umwelt aufbauen zu können. Das Ziel ist eine „konzentrierte Wachheit“ als bewusste Wahrnehmung der Umgebung, als Verantwortungs- und Handlungsbereitschaft, um gesellschaftliche Entwicklungsprozesse zukunftsfähig und menschlich fortzuentwickeln und Lebensräume zu schützen und zu gestalten.

Das Buch „Kinder werden Umweltfreunde“ soll theoretische und praktische Anregungen und Hilfen bieten, die die innere Berührtheit und die bewusste Verantwortungsübernahme wecken und erhalten. Eine kindliche Umweltethik ist das Ziel. Im ersten Teil werden Erziehende eingeladen, sich mit den Grundlagen der elementaren Umweltbildung einführend zu beschäftigen. Im zweiten Teil stehen vielsinnige Übungen und Spiele zur unmittelbaren Umweltwahrnehmung im Mittelpunkt. Um auch weitere Eltern, Erziehende, Kollegen etc. für die Umweltbewegung der Kinder zu motivieren, werden im dritten Teil des Buches vier Bildungsbausteine für Elternabende und

Teamsitzungen angeboten. In komprimierter Form sollen so Basisinformationen und Grundkompetenzen zur Umweltbildung mit Kindern gemeinsam im Team erarbeitet oder an die Eltern weitergegeben werden können.
Kinder sollen im Vor- und Grundschulalter nicht immer nur mehr „wissen", sie sollen im Sinne einer nachhaltigen umweltpädagogischen Werteerziehung die Chance haben, ihre nahe direkte Umwelt wahrzunehmen, zu spüren und zu genießen. Auf diese Weise entwickelt sich Wertschätzung. Kinder müssen die Chance haben, die Elemente und Naturphänomene zunächst unmittelbar zu erleben, um ihren Wert reflektieren zu können.

Kinder, die Umweltfreunde sind, wissen wie wichtig der Schutz der Natur und der Umwelt ist. Sie entwickeln ein nachhaltiges ethisches Können und Wollen, ein Gespür dafür, was gut oder schlecht ist. Sie kümmern und sorgen sich, sind mutig und aktiv und sind sich ihrer eigenen Rolle als Mitgestalter der Umwelt bewusst.

Es muss ein Umweltbewusstsein gefördert werden, welches den Umweltschutz als Lebenshaltung grundlegt. Kinder sollen möglichst früh ökologische Mündigkeit entwickeln.

*Hedwig Wilken*

# I. Umweltbildung mit Kindern

## Positive Umweltbildung

### Vertraut werden

Warum lieben, mögen wir einen Menschen, warum und wann vertrauen wir ihm? Warum fasziniert uns ein Erlebnis, eine Situation, der Anblick einer Landschaft, eine Musik, warum lässt uns Kunst erstaunen? Das Wesen des wirklich Wertvollen ist weder zu sehen noch zu messen. Schon der chinesische Weise Laozi verwies in seinem 11. Spruch auf die große Bedeutung des Unsichtbaren „Dreißig Speichen treffen die Nabe, aber das Leere zwischen ihnen wirkt das Wesen des Rades. Aus Ton entstehen Töpfe, aber das Leere in ihnen wirkt das Wesen des Topfes. Mauern mit Fenstern und Türen bilden das Haus, aber das Leere in ihnen erwirkt das Wesen des Hauses. Grundsätzlich: Das Stoffliche birgt Nutzbarkeit, das Unstoffliche wirkt Wesenheit“.[1] Das wirklich Wesenhafte und Wertvolle kann man spüren, wahrnehmen und denken, vielfach findet es in der Stille statt. Es ist letztendlich unvergleichbar, nur die Eindrücke des Wertvollen können ausgedrückt und somit ausgetauscht werden.

Die Wahrnehmung der Welt und das Werteempfinden, das Empfinden, was das Leben gut oder schlecht erscheinen lässt, hängt von vielen Faktoren und Umständen ab.
Kinder leben heute vielfach in einer beziehungslosen, mediengesteuerten Welt, in der ihnen zerstückelt das Leben serviert wird. Die Verbindungen, die Systeme und Bezüge sind oft selbst für Er-

[1] Laozi in: Proksch, C., 1988

wachsene nicht zu durchschauen und sicher nicht für ein Kind. Wie kann ein Kind dennoch eine Beziehung zu Natur und Umwelt aufbauen und pflegen, eine Beziehung die ein verantwortungsvolles Bewusstsein fördert?

Im „Kleinen Prinzen“ von Saint-Exupéry ist vom Vertrautwerden, vom gegenseitigen Gebrauchen, vom Brauchtum und vom Zähmen die Rede: „Noch bist du für mich nichts als ein kleiner Junge, der hunderttausend kleinen Jungen völlig gleicht. Ich brauche dich nicht, und du brauchst mich ebenso wenig. Ich bin für dich nur ein Fuchs … Aber wenn du mich zähmst, werden wir einander brauchen. Du wirst für mich einzig sein in der Welt … Man kennt nur die Dinge, die man zähmt … Du bist zeitlebens für das verantwortlich, was du dir vertraut gemacht hast.“[2]

Ein Vertrautwerden mit Natur und Umwelt fordert Zeit und Muße, eine wirkliche Beziehung muss gewollt und gepflegt werden, dieses gilt für menschliche Beziehungen ebenso wie für den Umgang mit Natur und Umwelt.

[2] Saint-Exupéry, 1999

## „Die Umwelt ist nicht gut für die Natur“

Viele Begegnungen, Gespräche und Interviews mit Kindern bis zu 10 Jahren haben deutlich gemacht, dass diese mit dem Begriff Umwelt fast ausschließlich „Negatives“ verbinden. Sie reden beim Thema Umwelt von Müll, Verschmutzung, Bedrohung, Angst, Gift, Katastrophen, Dreck, Gas, Lärm etc., sie malen Fabriken, dunkle Wolken, überquellende Mülleimer, tote Fische und Vögel, qualmende Schornsteine u. Ä. Nach einer kleinen Assoziationsumfrage bei Schulkindern stellte sich heraus, dass diese stark zwischen einem negativ besetzten Begriff „Umwelt“ und dem positiv verankerten Begriff „Natur“ unterschieden. Deutlich wurde das negative Umweltbild in Sätzen wie „Die Umwelt ist nicht gut für die Natur“ oder „Ich mache selten Umwelt, ich werfe meinen Müll in die Tonne!“ Auch Kindergartenkinder haben sehr wohl schon ein (negatives) Umweltverständnis. Ein 6-jähriger Junge äußerte sich in einem Gesprächskreis zum Thema Umwelt sehr differenziert. Auf die Frage: Was ist eigentlich Umwelt? Ist der Stuhl, auf dem ich sitze auch Umwelt? – sagte er nach einer kurzen Nachdenkphase: „Nein, nur wenn du den Stuhl durch das

Fenster wirfst und er dann draußen im Beet liegt, dann ist das Umwelt!"
Wie können Kinder, denen ein positiver Bezug allein schon zum Begriff Umwelt fehlt, diese als schützenswert wahrnehmen und verstehen lernen, wenn das Umweltbild schon durch Negativinformationen geprägt ist? Den „negativen" Umweltinformationen durch die Medien und einer falschen Umweltkatastrophenbildung in Schulen und Kindertagesstätten sollte eine Umweltbildung entgegengesetzt werden, die den Bezug zur Natur und Umwelt als Basis grundlegend positiv prägt. Eine Umweltbildung als Werteerziehung will das Miterleben und Wahrnehmen des Lebenssystems unter Berücksichtigung des kindlichen Weltverständnisses fördern. Naturbezogene Pädagogik will dem Menschen Natur als etwas Schönes, Faszinierendes vermitteln. Die kindlichen Weltaneignungsprozesse müssen durch überschaubare Elementarerlebnisse in der nahen Umgebung erlebt werden können. Das Kind muss in kleinen Prozessen lernen können, sich als Teil des Lebenssystems zu fühlen, Verantwortung zu übernehmen und gestalten zu können:

- **Wahrnehmungsaspekt**
  Ich erlebe, entdecke, fühle, staune – ich nehme wertschätzend wahr!
- **Bewusstseins- und Verantwortungsaspekt**
  Ich achte auf das Entdeckte und Wahrgenommene, ich schätze und schütze es!
- **Gestaltungsaspekt**
  Ich entwickle und handle!

## Beziehung und Vernetzung als Grundhaltung

Kinder leben ganz nah in Beziehung zu ihrer Umwelt, zu den Menschen, zur Natur, zu den Dingen. In der Erziehung und Bildung gilt es, diese „Bindung" in einer zunehmend zerstückelten Welt zu erhalten und zu pflegen. Vielfach werden den Kindern heute ständig neue Aus-Schnitte aus dem Leben präsentiert. Sie müssen sich über die Medien, im Unterricht, im Alltag mit vielen Einzelaspekten auseinandersetzen, ohne ein Bild vom Ganzen herstellen zu können. Das Erleben von „Ganzheitsreihen"[3] nimmt im Alltag ab. Ein Kind streicht auf das Frühstücksbrot Marmelade. Eine Marmelade, die die Eltern irgendwo in einem Geschäft gekauft haben, das Geld dafür haben sie an einem Automaten gezogen. Auf dem Bildschirm verfolgte das Kind in einer Kin-

[3] Winkel, 1996

dersendung den Prozess „Wie die Marmelade in das Glas kam …“. An einem Baum sieht das Kind vielleicht einmal die Früchte. Kann das Kind aus den Teilerlebnissen noch einen Zusammenhang herstellen?

Das direkte Erleben der Naturpflege, des Erntens, des Säuberns und Zubereitens der Früchte, das Gläserwaschen – all die Dinge, die mit Freude, Mühe und Erfolg in Bezug zum Genuss stehen, werden dem Kind als Alltagerfahrungen genommen oder auf künstliche Weise als Lernprozess neu initiiert. Es nutzt und benutzt die Umwelt, ohne Beziehungen herstellen, ohne eine wertschätzende Haltung entwickeln zu können. Der Künstler Wols drückte dieses sehr deutlich aus: „Der Mensch sieht alles im Hinblick auf den menschlichen Nutzen, und so kommt es, dass er die Dinge an sich nicht begreift. Er selbst ist der Natur zu nichts nütze; er bedient sich ihrer, ohne ihr den geringsten Dienst erweisen zu können.“[4]

Es ist wichtig, den Kindern eine Umweltbildung als Werteerziehung, als Wertehaltung zu vermitteln, die sich erlebend aus den Alltagserfahrungen, Vorbilderlebnissen und Informationen bildet. Wenn in Kindern eine wertschätzende Haltung gegenüber der Umwelt gepflegt werden soll, muss jede Bildung und Erziehung als umfassende positive Menschenbildung definiert werden. An den Handlungen und Haltungen der Erwachsenen müssen die Kinder ablesen können, was „gut“ ist, was nachahmenswert ist. Ebenso sollten sie ein grundlegendes Lebensgespür entwickeln können, welches sich auf eine Liebe zu Mensch und Umwelt, auf die Erhaltung des Lebendigen stützt, so dass sie aus einer inneren Haltung heraus wie selbstverständlich sich gegen jede Art von Zerstörung, Ungerechtigkeit und Unterdrückung und für eine nachhaltige Lebensweise engagieren.

Eine positive Umwelt-Bildung meint also, die Bildung eines positiven Bildes von der Welt, meint eine umfassende Haltung als Grundlage für jedes weitere Denken und Handeln.

Der Begriff „Kinder-Umwelt-Bildung“ birgt schon viele Wortelemente in sich. Das Kind muss sich ein Bild von der Welt machen, eine Vorstellung bilden, vom Menschen, vom Leben in der Welt. Das Bilder-Denken ist bei Kindern und Erwachsenen in allen Zeiten und Kulturen eine ureigene Qualität, die in gemalten Bildern, Tänzen, Liedern, Gedichten und Geschichten etc. ihren Ausdruck findet.

---

[4] Wols in: Kreul, 2001

Bilder bieten immer, betrachtet als Ganzes, einen Ausschnitt der Realitätsperspektive, sie schaffen Beziehungs- und Ausdrucksmöglichkeiten.

Durch eine Überbetonung des verstandesmäßigen Wissens und Denkens wird häufig verfrüht die spezifisch kindliche ganzheitlich positive Weltvorstellung zersplittert und zerstört, die Beziehung getötet und einer aktiven Teilnahme am Weltgeschehen und einer Verantwortungsübernahme für Natur und Umwelt entgegengewirkt.

Es nützt weder dem Kind noch der Umwelt viel, wenn es verfrüht sämtliche Dinosauriernamen und Daten kennt, es sich entsprechend über den konsumgesteuerten Markt Plastiktiere, Poster, T-Shirts … wünscht und kauft, wenn es über Filme das Waldsterben ansieht, Daten über Ozonlöcher auswendig lernt etc. Wissenszusammenhänge, die das Kind nicht erleben lernt, wo der Bezug zum Alltagsleben fehlt, stellen häufig eine Überforderung da. Wissen kann nur einen Wert haben, wenn es mit dem Leben des Lernenden in Beziehung gebracht werden kann.

Das Alltagsleben heute ist geprägt durch Informationsüberreizung. Die Menschen werden gezwungen, Informationen auszublenden, abzuschalten. Dieses Ausblenden und Abstumpfen gegenüber Eindrücken kann zu einer Beziehungslosigkeit führen, die Distanz zu allem nach sich ziehen kann. Auch bei Kindern bedeutet das: Werden ihnen zu früh zu viele Eindrücke zugemutet, die sie nicht altersgemäß einordnen und verarbeiten können, besteht die Gefahr der Beziehungslosigkeit.

Wie können Kinder einen Sinn und damit eine Wertschätzung ihrer Umwelt erleben, wenn sie Zusammenhänge nicht erleben, wenn ihnen über die Medien vor allem Katastrophenberichte zum Thema Umwelt vermittelt werden? Indianergeschichten und -gedichte machen die Bedeutung von Ganzheitlichkeit oftmals sehr deutlich. Die Indianerweisheit des Häuptlings Seattle „Alles was ihr der Erde antut, tut ihr euch an, wenn ihr auf die Erde spuckt, spuckt ihr auf euch" lässt spüren, dass sich diese Menschen als Teil der Erde, des Lebenssystems begreifen. Die Verletzbarkeit und Verwundbarkeit der Lebenssysteme ist in unserer hochtechnisierten und mediatisierten Welt meist nicht direkt erkennbar und erlebbar. Werden Lebensräume von Mensch und Tier eingeschränkt, beschnitten, zerstört, so sind die Konsequenzen und Vernetzungen für Kinder schwer nachzuvollziehen.

Milch wird in Flaschen oder Verpackungen verkauft, das Geld dafür aus dem Automaten gezogen. Milchquoten werden von Politikern verhandelt, Bauern liefern die Kuhmilch. Kühe sind über eine Werbung für viele Kinder im Bewusstsein „lila“. Wie soll es einem Kind gelingen, all diese Teilcheninfos zu einem Ganzheitsbild zusammenzufügen? Ein Besuch auf einem Bauernhof, um den natürlichen Vorgang der Milchproduktion kennen zu lernen, ein Gespräch mit einem Bauern, die Begegnung mit einer Kuh, das Begehen und kindliche Erforschen einer Wiese als Lebensraum einer Kuh könnten dem Kind helfen, eine Verknüpfung aller bisher erlebten und erfahren Teilaspekte herzustellen.
Ebenso undurchschaubar verhält es sich mit Berichten über Bodenverschmutzung und Wasserknappheit. Das Kind erlebt im Alltag, dass das Wasser „ohne Ende“ aus dem Hahn läuft und sich alle ohne Beachtung der Warnungen weiter am Wasser „bedienen“. Wie soll Wasserknappheit für das Kind glaubhaft sein?
Dennoch gelingt es Kindern erstaunlich gut, sich in der Informations- und Medienlandschaft zurechtzufinden, und doch muss der Aspekt der Beziehung zur Umwelt beachtet werden. Eine Beziehung zur Umwelt haben heißt, Zusammenhänge zu erkennen, um entsprechend Verantwortung zu übernehmen. Ein wertschätzender Umgang lässt erkennen, dass ich den Wert im Kleinen sehe, aber auch weiß, alles hängt letztlich mit allem zusammen, der wertschätzende Umgang im kleinen und großen ist das Ziel. Die zersplitterte Weltwahrnehmung fordert von allen am Erziehungsprozess Beteiligten, dem Kind Vernetzungen anzubieten, d.h. das Kind immer wieder Zusammenhänge erleben zu lassen oder zumindest durch Geschichten und Gespräche im Verständnis des Kindes „Ganzheits-Bilder“ entwickeln und entstehen zu lassen.
Blumensamen, die ich säe, kommen nicht ursprünglich aus der Tüte. Der natürliche Prozess des Wachsens, Erntens, Sterbens und des Neubeginns kann in kleinen Begebenheiten zum Erlebnis- und Erkenntnisprozess werden. Auf allen Ebenen des kindlichen Lebens im Alltag lassen sich Bezüge und Verknüpfungen wieder herstellen. Erziehende sollten die Alltagschancen nutzen, das Bewusstsein als Mitwelt-Wesen mit hoher Verantwortungs- und Handlungsbereitschaft zu bilden und zu pflegen. Vom Naturwesen zum Kulturwesen führt die Erziehung dann, wenn sich der Mensch bewusst als mündiges Individuum in seiner Mitwelt

begreift und bereit ist, sich für Entwicklung und Fortbestand der Individuen und Umwelt zu engagieren.

Die heutige Bildung und Erziehung muss sich wieder darauf konzentrieren, dem Kind ein Erleben und Gestalten in verstehbaren Zusammenhängen zu ermöglichen. Es müssen Sinn-Zusammenhänge geboten werden, damit der Beziehungsfaden Kind – Welt nicht zerreißt, sondern weitergesponnen werden kann. In diesem Zusammenhang hat die positive Umweltbildung die Aufgabe, dem Kind beziehungs- und erlebnisreiche Begegnungsräume zu schaffen und sie zu pflegen. So kann sich im kindlichen Verständnis, im Bewusstsein zunächst einmal ein positives Fundament bilden. Nur wer stabile Wurzeln, hat kann auch heftigen zerstörerischen Stürmen widerstehen.

## Sinn für das Schöne – Sinn durch das Schöne

Ästhetische Bildung mit Kindern sollte den Sinn für das Schöne durch die unterschiedlichen Ein- und Ausdrucksmöglichkeiten pflegen. Der Mensch muss das Schöne und Gute sehen und genießen können, Sinnerfahrungen machen. Eine positive Umweltbildung gelingt, wenn die ästhetische Erziehung als Basis für menschliches Wohlgefühl Beachtung findet. Wir müssen Umweltbedingungen erhalten und schaffen, die dem Menschen Wohlgefühl vermitteln, die die kultivierte Natur als Zuhause erlebbar macht. „Da die Bildung von Umweltbewusstsein also auch eine Sache der ästhetischen Bildung ist, sollte sie bereits im Kindergarten beginnen. In allen Schulgattungen, nicht nur in der Grundschule, muss neben der Vermittlung von Sachwissen die ästhetische Ausbildung ihren Platz haben. Sie gehört nicht nur zur allgemeinen Kultur (Bildung), sondern legt ein Fundament, auf dem sich verantwortlicher, d. h. ethisch motivierter Umweltschutz entfalten kann.“[5] Umweltbewusstseinsbildung hat somit etwas mit Natur-Ästhetik und Umweltethik zu tun. „Bei Menschen ohne ästhetische Bildung hat ein Ethos des Umweltschutzes keine Chancen … notwendig sind schlicht Ausbildung und ständige Verfeinerung des Sinnes für schöne Natur und für eine Landschaftsgestaltung (Raumplanung usw.), die das Prädikat geschmackvoll verdient. Wo der ästhetische Blick für die Erde fehlt, wird sie früher oder später unansehnlich.

[5] Rock in: Birnbacher, 1987

Wenn die ästhetischen Sicherungen durchbrennen, kann die Natur nicht sicher sein vor ihrer durch uns gefühllos und ungerührt herbeigeführten Zerstörung."[6] Umweltbildung als ästhetische Bildung kann helfen, im Erleben und Gestalten die „Eigenmacht" zu pflegen oder zu entdecken. In Gestaltungsprozessen können Kinder und Erwachsene den Erlebnissen, Begegnungen und Dingen einen Sinn geben. Die Trennung des Wissens vom Sinn kann aufgehoben und positiv beeinflusst werden. Kunst und ästhetische Bildung ist Lebensäußerung. Sie drückt aus, was das Leben mit dem Menschen macht, zeigt seine ganz individuelle Sicht des Lebens, ist eng verknüpft mit Sinn-Erfahrungen.

Wer zu sich selbst einen starken Bezug hat, mit sich wertschätzend umgeht, hat eine gute Basis, auch mit Natur und Umwelt pflegend und wertschätzend umzugehen. Kinder und Erwachsene brauchen die sich immer wiederholende Erfahrung „Ich kann etwas tun, ich kann etwas bewirken, ich kann etwas ausdrücken", im Gegensatz zur vielfachen Alltagserfahrung „Ich funktioniere …".

Eine wohldosierte Balance von Innen und Außen, von Eindruck und Ausdruck führt zur Harmonie. Im Alltagsleben muss es deshalb genügend Möglichkeiten geben, die Ein- und Ausdrucksebenen zu pflegen. Kunst und ästhetische Bildung bieten viele Formen an: Die Sprache, den Tanz, die Musik, das plastische Gestalten, die Malerei, das Spiel …

Ausschnitte aus der ganz spezifischen Weltsicht werden in künstlerischen und gestalterischen Prozessen in eine Gestalt gebracht, bilden im Ausschnitt eine neue Ganzheit. „Handwerk, Technik, Wissenschaft, die heutigen Hauptthemen, waren einmal in eine kosmisch empfundene Lebensganzheit eingebettet … Sie haben sich seit der Neuzeit aus dieser Empfindung befreit. Sie sind eigenständig und gehorchen nur noch den Regeln der Kausalität und der Funktionalität … Die Verluste, die unser Leben durch das Zurücktreten der anderen Themen erleidet, nehmen wir achselzuckend in Kauf und werden bei dieser Mangelernährung krank. Es hungert unser Sinn-Bedürfnis und unsere Ganzheitssehnsucht. Hier muss die Ästhetik ihre Aufgabe für die Natur- und Umweltbildung wahrnehmen, eher urtümlich als gebildet, eher durch Tätigsein als durch Lehre."[7] Das Schöpferische und Gestaltende im Menschen hebt

[6] Rock in: Birnbacher, 1987

[7] Winkel, 1995

ihn durch seine Tätigkeit aus dem Gefühl der Masse heraus, lässt ihn sich als gestaltendes Individuum im Geflecht der Gemeinschaft, des Lebenssystems spüren.

# Wahrnehmende Umweltbildung

## Entfaltung der Sinne

Kinder nehmen sich und die Umwelt anders wahr als Erwachsene, wie genau, dass können wir nicht wissen, wir können es nur ahnen, beobachten und versuchen zu verstehen.
Von Geburt an sind sie daran interessiert zunächst die nahe, später die weitere Umwelt aktiv mit vielen Sinnen zu erkunden.
Die veränderten Lebensbedingungen der mediatisierten, technisierten und motorisierten, der körper- und leibfeindlichen Welt voller einseitiger Sinneserfahrungen aber haben eine Veränderung der kindlichen Wahrnehmungsweise zur Folge. Unsere hochtechnisierte Gesellschaft zeichnet sich durch Strukturen aus, die für Kinder nicht begreifbar oder gar durchschaubar sind.
Umso wichtiger erscheint es, neue kindgerechte kleinere Wahrnehmungszusammenhänge herzustellen, erlebbar zu machen. Nur wenn Umwelt und Natur bewusst wahrgenommen werden, kann auch das Verhalten der Umwelt und Natur gegenüber positiv oder negativ gestaltet und bewertet werden.
Nehmen Kinder das Leben eher „zuschauend" als aktiv teilnehmend wahr, sehen sie beispielsweise nur über den Fernseher, wie Marmelade gekocht wird, so werden ihnen die unmittelbaren Zugänge des handelnden Erlebens genommen. Das Kind lernt mit wenigen Sinnen an „toten" Dingen, ihm wird eine Wirklichkeit aus zweiter Hand geboten. Wenn die veränderte Lebenswelt den Sinn für das Lebendige zunehmend zerstört, so müssen neue Wege der Wahrnehmungsförderung, der sinnesreichen Weltaneignung für Kinder gefunden werden, neue Wege der (Umwelt-) Wahrnehmungsförderung erforscht werden, der Sinn für das Lebendige muss erhalten bleiben. „Ganz genauso müssten wir darauf achten, dass die Angriffe auf die Sinne des Menschen, auf seine Empfindungen, auf das lebendige Wahrnehmen, ausbleiben. Realität aber ist, dass sich unsere Wahrnehmungen ganz überwiegend an sterilen und toten Dingen bilden … Aber der Umgang mit dem Toten, die Abhängigkeit davon rächt sich, und der Sinn für das Leben-

dige, für das Menschliche, geht verloren, wenn er nicht geschult und genährt wird.“[8]

Hugo Kükelhaus weist darauf hin, dass eine zerstörte Sinneswelt über eine zerstörte Innenwelt zwangsläufig zu einer zerstörten Mitwelt und Umwelt führt.

Die Sinnesschulung und die Prägung eines Umweltbewusstseins stützt sich hier im Wesentlichen auf das von H. Kükelhaus (1900–1984) entwickelte Konzept zur Entfaltung der Sinne. Er hat sein Konzept als Neubeginn unserer Kultur bezeichnet. Mit seinem Erfahrungsfeld zur Bewegung und Besinnung, ein anthropologisches Grundmodell, welches erstmals auf der Weltausstellung in Montreal gezeigt und dann später als Erfahrungsgelände in Cappenberg aufgebaut wurde, bot er ein Grundkonzept, das den Bruch der hochindustrialisierten, gesellschaftlichen Wirklichkeitsaneignung mit dem Lernen durch Erfahrungen, mit den sinnenreichen geistig-seelischen Wahrnehmungs- und Erkenntnisprozessen wieder vereinen hilft.

Die Sinne formen im Menschen das Bild der Umwelt. Eine konzentrierte und differenzierte Wahrnehmungsfähigkeit ist die Basis für ein umfassendes Umweltverständnis. Die Sinne sind Vermittler zwischen Innenwelt und Außenwelt, sie sind die Brücke des Ich zur Umwelt, der

[8] Schneider, 1987

Umwelt zum Ich. Eine rein kognitive Wissensvermittlung ist also eine tote, handlungsunfruchtbare Umweltbildung für Kinder. Die bewusste Wahrnehmung, die Sinnesschulung dagegen hat Einfluss auf den Willen, auf die Handlungsmotivation, die gerade für das verantwortungsvolle Umweltverhalten von immenser Wichtigkeit ist.

Umweltbildung im Elementar- und Primarbereich bedeutet in erster Linie, Lebenszusammenhänge auf altersgerechte Weise über die Sinne erfahrbar und spürbar werden zu lassen.

Die Ausbildung der Sinne kann heute nicht mehr als selbstverständlich vorausgesetzt werden. Zu früh, gerade in der Hochentwicklungsphase bis zum 7. Lebensjahr, werden die Kinder heute durch eine Überdosis an Außenreizen daran gehindert, die eigenen Fähigkeiten, die inneren Qualitäten auf ihre Weise zu erforschen und sich entwickeln zu lassen.

Kinder werden mit den Autos von einer Aktion zur nächsten gefahren. Sie sehen die vorbeiziehende Umwelt vom Rücksitz aus durch die Autoscheibe, später dann durch die Fensterscheiben der Wohnungen und anschließend müssen sie sich mit dem Weltgeschehen aus der Sicht der Erwachsenen vor der Mattscheibe auseinandersetzen. Eine Verarmung der Sinnestätigkeit wird durch einseitige Nutzung und Ausbildung schon in frühen Jahren vorprogrammiert. Auge und Ohr sind überreizt, andere Sinne wenig genutzt, unterfordert. Wenn einem Kind die Zeit und Möglichkeit genommen wird, Sinneseindrücke real zu erleben, auszuformen und zu bilden, so besteht auf Dauer die Gefahr, dass es immer oberflächlicher wird, nicht mehr intensiv menschlich spüren und reagieren kann. Um einer Abstumpfung der Sinne und einer „Sinnesverstopfung" durch Überreizung oder Unterforderung entgegenzuwirken, muss die sinnliche Wahrnehmung auch und gerade im Bereich der Umweltbildung gezielt beachtet werden. Die neue Sensibilisierung der Sinne für das „Wesentliche", für Mensch und Umwelt ist das Ziel einer positiv wahrnehmenden Umweltbildung. Dabei sollen Kinder und Erwachsene in ihrer ganzen Wahrnehmungskraft über die Wahrnehmungsstufen:

1. Selbstwahrnehmung
2. Sinneswahrnehmung
3. Umweltwahrnehmung
4. Verantwortungswahrnehmung

gefördert und gefordert werden, damit ein aktives verantwortungsvolles Umwelthandeln zunehmend möglich wird. Die hier vorgestellten Wahrnehmungsstufen sollen bewusst trainiert werden. Die Förderung der sinnlichen Wahrnehmungsfähigkeit zum Zwecke einer aktiven Umweltbildung hat selbst bei einer spezifischen Aktivierung und Stimulierung einzelner Sinne einen ganzheitlichen Bildungsansatz.

*1. Stufe: Selbst-Wahrnehmung*
Reiz-Ruheräume sollen geschaffen werden, um in der Stille ruhig und offen zu werden für eine neue Selbst- und Umweltwahrnehmung.

Ziel: Die „Ich"-Wahrnehmung dient als Selbst-Wahrnehmung im Sinne des Erfassens von „Ganzheitsreihen"[9], d. h. jeder Mensch muss sich als Teil des Ganzen begreifen lernen, um den Lebensraum mit allem Lebendigen im Sinne einer Natur- und Umweltbildung zu erfassen.

*2. Stufe: Sinnes-Wahrnehmung*
Einzelne Sinne/Sinneswahrnehmungen werden neu entdeckt, geschärft und trainiert. Mit speziellen Übungen und Spielen wird die Sinneswahrnehmung, das Hören, Sehen, Schmecken, Riechen, Gleichgewichthalten und Tasten gefördert und trainiert.

Ziel: Die Kinder sollen ihre Sinne über das bewusste Wahrnehmen neu entdecken und als wertvoll empfinden. Die bewusste Wahrnehmung einzelner Sinne soll in der Konzentration geschult und gefördert werden, damit überhaupt ein

[9] Winkel, 1996

bewusstes positives Umwelterleben möglich wird.

*3. Stufe: Umweltwahrnehmung*
Die einzelnen Sinneseindrücke werden mit Umwelteindrücken gekoppelt, hier geht es um eine Benennung und Differenzierung der Umwelteindrücke:

- Hören – unterscheiden und bewusst wahrnehmen von Tierstimmen, Naturgeräuschen
- Sehen – unterscheiden und bewusst wahrnehmen von Blattformen, Blumen, Baumformen
- Riechen – unterscheiden und bewusst wahrnehmen von Kräutern, Hölzern Blumendüften, schmecken von Naturfrüchten, Kräutern
- Tasten – unterscheiden und bewusst wahrnehmen von Baumrindenstrukturen, Blättern
- Gleichgewicht – Balance halten auf Bäumen, Balken etc. und bewusst spüren und wahrnehmen

Ziel: Die Kinder sollen die Sinneswahrnehmungen mit Umwelteindrücken im Bewusstsein verbinden und positiv erleben. Die bewusste positive Wahrnehmung der Umwelt und Natur wird so geübt und gefördert, die einzelnen Sinne trainiert, Phänomene der Natur und Grundzusammenhänge des Lebens erfahren. So z. B. die Dynamik des „natürlichen“ Gleichgewichts im Geben und Nehmen, im Hin und Her, im Wachsen und Sterben, im Wechsel der Jahreszeiten. Auf einfache aber grundlegende Weise, können diese elementaren Lebenszusammenhänge spürbar und damit verständlich werden.

*4. Stufe: Verantwortungswahrnehmung*
In der Natur wird die Umwelt mit den einzelnen Sinnen wahrgenommen, erforscht und als „Wert“ erkannt, Zusammenhänge sollen kindgemäß erfahrbar werden, um dann gemeinsam mit den Kindern reflektieren zu können: Was verbindet den Menschen mit dem Vogel, der Erde, den Elementen, warum müssen wir achtsam mit der Umwelt umgehen, wie können wir das tun?

Ziel: Die Kinder sollen durch die Umweltwahrnehmung und Umweltkommunikation begreifen, dass ein verantwortungsvoller Umgang mit Natur und Umwelt möglich ist. Die Grundlage zur weiteren Wissensaufnahme und das Interesse an einer handelnd aktiven Umweltverantwortung soll nachhaltig geweckt werden.

## Wahrnehmendes Lernen

Um ein wahrnehmendes Lernen im Sinne der positiven Umweltbildung zu fördern, müssen Bedingungsrahmen gefunden werden, damit Kinder auf allen Wahrnehmungs- und Lernebenen angesprochen werden. Dabei fordert eine kindgemäße Lernweise wahrnehmungsfördernde Lernarrangements, die Beachtung der unterschiedlichen Ein- und Ausdrucksebenen und das Lernen mit beiden Hirnhälften im Gesamtkonzept:

*Die kindlichen Ausdrucksebenen*

1. *Das Verhalten* (Gefühle, Handlung, Gestik, Mimik etc.)
   Gibt es Raum, Gefühle auszudrücken, individuelles Verhalten zu zeigen?
2. *Das Spiel*
   Gibt es Raum für das freie Spielen, Rollenspiel, Theaterspiel?
3. *Die Bewegung*
   Gibt es Zeit und Raum für die freie Bewegung?
4. *Das Sprechen*
   Gibt es Möglichkeiten für Gespräche, Einzel- und Gruppengespräche?
5. *Das Träumen und Fantasieren*
   Hat das Kind Gelegenheit zu träumen und Träume und Fantasien auszudrücken?
6. *Das Malen und Zeichnen*
   Hat das Kind Möglichkeiten zum Malen und Zeichnen?
7. *Das Schreiben*
   Hat das Kind Möglichkeiten, das Schreiben als Ausdruck zu nutzen?
8. *Das Formen und Gestalten*
   Gibt es Raum und Zeit für das kreative Formen und Gestalten
9. *Das Musizieren*
   Gibt es Raum und Zeit für den musikalischen Ausdruck?

*Die kindlichen Eindrucksebenen (Lern- und Wahrnehmungsebenen):*

1. *Kognitive Ebene*
   Erhält das Kind altersgemäß Informationen, kann es eigene Interessen wahrnehmen und pflegen?
2. *Soziale Ebene*
   Hat das Kind die Möglichkeit, in Kontakt zu treten, Freundschaften aufzubauen und zu pflegen, Kommunikation zu trainieren, Konflikte auszutragen?
3. *Bewegungs-Ebene*
   Hat das Kind ausreichend Bewegungsmöglichkeiten?
4. *Emotionale Ebene*
   Erhält das Kind emotionale Zuwendung, wird es beachtet, angesehen, erhält es Anerkennung, An-sehen?

5. *Kreative Ebene*
   Wird das Kind in seiner Kreativität angesprochen, verstärkt?
6. *Entspannungs-Ebene*
   Erhält das Kind ausreichend Entspannungsphasen, um Eindrücke zu verarbeiten?
7. *Sinnes-Ebene*
   Werden die sechs Grundsinne in unterschiedlichen Zusammenhängen in ihren Funktionen gefordert und somit gefördert?
8. *Atmosphärisch-spirituelle Ebene*
   Wird auf die Atmosphäre geachtet, auf einen höflichen, respektvollen Umgang? Gibt es Rituale, Feiern, Feste, Raumschmuck etc., die das atmosphärische Miteinander fördern?[10]

Kinder können beispielsweise durch eine Hörschulung das konzentrierte Wahrnehmen von Geräuschen und Klängen bewusst neu lernen. In den folgenden Lernschritten z. B. im hörenden Vergleich, lernen sie zu differenzieren und sich im umweltethischen Sinne für das „Positive" zu entscheiden, d. h. zum Beispiel, Naturgeräusche sind angenehmer als Industrie- und Autolärm. Im nächsten Schritt können sie lernen, sich für den Erhalt der Natur und die Vermeidung von Lärm einzusetzen.
Umweltbildung ist in diesem Sinne eine Bewusstseinsschule für den Erhalt des Positiven. Ebenso wie an dem Beispiel des Sinnbereichs Hören gezeigt, ist eine solche Einstellungs- und Verhaltensschulung über die anderen Sinne und in unzähligen vielen Teilbereichen im Alltag möglich. Eine ausgewogene Beanspruchung der unterschiedlichen Ebenen

[10] Wilken in: Hempel, 1999

erhöht die Chance des bewussten Wahrnehmens und des vertieften Lernens. Eine Wahrnehmungs- und Konzentrationsschulung als Lernbasis ist auch für viele andere Fachbereiche neben der Umweltbildung sinnvoll.
Das Denken, Fühlen und Wollen ist dem Menschen eigen und sollte als Gesamtkonzept der Umweltbildung mehr Beachtung finden. „Durch Denken, Fühlen und Wollen aktiviert, aktualisiert und strukturiert der Mensch drei Wirklichkeitsweisen seiner Welt. Ohne die Sinne aber könnte der Mensch weder fühlen noch wollen noch denken …“[11]

## Elementare Umweltbildung

### Eigen-sinnig statt funktions-tüchtig

Wird von einer veränderten kindlichen Lebenswelt gesprochen, so werden in der Regel die veränderten Alltagsstrukturen und die veränderten Familienstrukturen benannt und insbesondere die Veränderungen durch die medialen Einflüsse.[12]

[11] Schneider, 1987
[12] Zimmer. 1997, Rolff/Zimmermann u.a., 1997

Was machen diese Veränderungen mit dem Kind, wie wirkt die Informationsfülle auf das kindliche „Bild der Welt“? Wie entwickelt sich das Weltbild des Kindes, wenn ihm über die Medien aus der spezifischen Perspektive der Erwachsenen eine bruchstückhafte Weltsicht geboten wird? Wie sollen Kinder die Zukunft gestalten, wenn ihnen zunehmend die Selbst-Erfahrung, das direkte Erleben und damit einhergehende Erkenntnis- und Gestaltungsprozesse genommen werden?
Eine elementare Umweltbildung der Vor- und Grundschulkinder sollte Elementarerfahrungen des Kindes mit sich, mit der Gemeinschaft und mit der unmittelbaren Begegnung von Natur und Umwelt grundlegend fördern. Elementarerfahrungen sind Erlebnisse und Erfahrungen, die ein Alltag in seiner direkten Auseinandersetzung mit dem Alltäglichen bietet. Viele Elementarerfahrungen machen Kinder im Spiel, in einer spielerisch forschenden Auseinandersetzung mit ihrer Umwelt.
Das Kindern vielfach der Umgang und Zugang zu den Phänomenen und Elementarerfahrungen fehlt, zeigt folgendes Beispiel: Im Sachunterricht, Thema Erde, wird ein 9-jähriger Junge aufgefordert, in einem Glas etwas Erde vom

Schulhof zu holen. Es dauert eine ganze Weile und der Junge kommt ratlos ohne das gewünschte Produkt wieder. Auf die Frage, warum er keine Erde mitgebracht habe, sagt er: „Dort ist keine Erde“. Auf die weitere Frage: „Wo gibt es denn Erde?“ antwortet er: „Erde muss man kaufen, die gibt es nur in Tüten – so, die befruchtete Erde!“ Verbindet ein Kind mit dem Begriff, wie im gezeigten Fallbeispiel, nur ein Marktprodukt, so fehlt ihm der tatsächliche Bezug zum Thema. Erziehende und Lehrende gehen vielfach davon aus, dass Kinder mit den Begriffen, die sie benutzen, dasselbe verbinden, wie die Erwachsenen. Vielfach beginnt schon hier der Bruch in der Kommunikation und im Bildungsprozess. Auf die kindliche Weltsicht einzugehen, nachzufragen und nachzuspüren, was sie für Bilder von der Welt und Umwelt haben, ist Grundvoraussetzung für alle weiteren Bildungs- und Entwicklungsprozesse.

Die Einstellung und damit das Bewusstsein der Kinder sollte sich grundlegend an den Elementen und Phänomenen bilden können. Nur die handelnde Auseinandersetzung wirkt nachhaltig auf das Wertebewusstsein. Das Erleben des Lebendigen bzgl. der Umwelt und Natur muss in der Umweltbildung institutions- und fächerübergreifend wirksam werden können, damit ein positives Bewusstsein, ein Wandel des Lebensstils gegen das einseitige Konsumieren und eine Neubegründung von Werten grundgelegt werden kann. Bei der konsum- und mediengesteuerten Informationsflut, die Kindern und Erwachsenen zugemutet wird, ist eine kritische Grundhaltung, eine Reflexionsbereitschaft und -fähigkeit und eine Verantwortungsbereitschaft als Sozialkompetenz zunehmend wichtig. Die Beeinflussung von „Außen“ ist immens groß und von den Kindern nicht steuerbar, beeinflussbar. Als Gegenpol muss ein Eigen-Sinn, eine eigene Position, ein Selbst-Bewusstsein wachsen können, damit die Menschen nicht nur zu einer funktionierenden Masse werden, die sich fremdbestimmt leiten lässt. Kinder müssen Chancen haben, dieses auf eine kindgerechte Weise in kleinen Schritte ganz elementar lernen zu können.

## Überschaubarkeit statt Überforderung

In der Umweltbildung sollten Kinder bis zu etwa 10 Jahren nicht mit Themen der globalen Umweltverantwortung und mit Umweltkatastropheninformationen überfordert und belastet werden. Sie sollten im Rahmen ihrer kindlichen Lebenswelt ein Natur- und Umweltbewusstsein entwickeln können, welches für sie überschaubar, in Handlungen umsetzbar und überprüfbar ist. H. Baier definierte dieses in seiner minimalistischen Handlungsethik: „Ich bin für alles verantwortlich, worauf ich einwirken kann, nur für dieses, aber für dieses alles. Ich bin in meinem persönlichen Umfeld für alles, worin ich tätig werden kann, zum Schutz, zum Erhalt und zur vorratspfleglichen Nutzung der natürlichen Umwelt voll verantwortlich."[13]

Eine Natur- und Umweltbeziehung ist nicht natürlich da, sie muss sich bilden, gebildet werden. Selbst der häufige Aufenthalt in der Natur führt nicht zwangsläufig zu einem positiven Natur- und Umweltbewusstsein. Die weit verbreitete Ansicht, dass eine Ursache für den verantwortungslosen Umgang mit der Umwelt darin liege, dass Natur im Lebensalltag immer weniger vorkommt, ist sicher ein wesentliches Argument für eine Gleichgültigkeit oder für einen zerstörerischen Umweltumgang, kann aber nur als Teilelement des Problems gesehen werden, da viele weitere Faktoren (Veränderung der Familienstrukturen, des Alltagslebens, Medieneinflüsse etc.) die Lebenswelt des Kindes beeinflussen. Umweltbildung mit Kindern muss im gesellschaftlichen und ökologischen Gesamtkontext gestaltet werden, wobei die unmittelbare Begegnung und das Erleben mit der Wissensvermittlung, mit der Bewusstseinsbildung und mit der Beurteilungs- und Handlungskompetenz gekoppelt werden sollte.

[13] Baier, 1990

## Staunen vor Studieren

Die „primäre Weltsicht des Kindes“[14], die auch die frühe Fähigkeit des Kindes bezeichnet, die Natur als beseelt zu betrachten, als ein kommunikatives Gegenüber, gilt es bei Kindern zu achten und auf eine behutsame Weise zu entwickeln, damit diese kindliche Weltsicht langsam übergeht in eine respektvolle Beziehung. Zu frühe Wissensvermittlungen und unkindgemäße Erklärungen von Gesetzmäßigkeiten können die erlebte Faszination und Ausstrahlung der Naturphänomene zerstören und das kindliche Neugier- und Entdeckungsverhalten blockieren. Elementarerfahrungen und elementares Erleben der Elemente und Phänomene sind die Wurzeln jeglicher weiterer Bildungsbemühungen. Die elementare Umweltbildung sollte in erster Linie das Wahrnehmen und Erleben der „nahen“ Umwelt fördern. Die Elemente und Phänomene der direkten Lebenswelt als Ursprung des Lebendigen sollten bewusst wahrgenommen und in Gesprächen reflektiert werden und so als zu achtende Umwelt ins Bewusstsein treten.

Die unmittelbare und bewusste Wahrnehmung von Natur und Umwelt soll ein wertschätzendes Umweltbewusstsein aufbauen helfen!

[14] Portmann, 1960

# II. Spiele und Ideen zur Förderung der Umweltwahrnehmung und des Umweltbewusstseins

Im praktischen Teil sollen Übungen, Spiele, Gedichte und Geschichten vorgestellt werden, die die Kinder auf möglichst vielen Lern- und Wahrnehmungsebenen ansprechen, um zu konzentrierten Erlebnis- und Erkenntnisprozessen zu kommen. Die allgemeinen Wahrnehmungs- und Lernebenen werden hier auf die Umweltbildung mit Kindern angewendet:

- *Soziale Ebene:* Haben Kinder die Chance gemeinsam mit anderen Entdeckungen und Erfahrungen in der Natur- und Umwelt zu machen, sich im Miteinander auszutauschen und so bereichernd zu lernen?
- *Bewegungsebene:* Können sich Kinder „bewegend" und bewegt der Umwelt nähern und so durch einen eigenen Blickwinkel entdeckend lernen?
- *Emotionale Ebene:* Haben Kinder die Gelegenheit, eigene Assoziationen, Gefühle, Beweggründe zu spüren und auszudrücken?
- *Kognitive Ebene:* Erhalten Kinder altersgemäße Informationen, werden ihnen kindgerechte Wissenszusammenhänge angeboten?
- *Kreative Ebene:* Hat das Kind die Möglichkeit, sich der Natur und Umwelt kreativ zu nähern, kann es sich auf seine ihm entsprechende Weise ausdrücken, sich so die Umwelterlebnisse zu eigen machen? Kann es malen, fantasieren, erzählen, gestalten, spielen, singen …?

- *Entspannungsebene:* Gibt es Ruheräume, um erlebte Eindrücke zu verinnerlichen?
- *Sinnes-Wahrnehmungsebene:* Werden möglichst viele Sinne im wahrnehmenden Erleben und Lernen angesprochen?
- *Atmosphärische Ebene:* Wird auf eine atmosphärische Gestaltung geachtet, auf die Raumgestaltung, auf den respektvollen Umgang mit den Mensch, Natur und Dingen?

Alle Übungen und Spiele zur wahrnehmenden Natur- und Umweltbildung sind als Angebote zu verstehen. Sie sollen im Hinblick auf die jeweiligen Kinder und Lerngruppen ganz spezifisch ausgewählt und eingesetzt, zusammengestellt, abgewandelt und erweitert werden. Auf Hinweise zu Altersangaben, Gruppengröße etc. wird bewusst verzichtet, damit ein selbstbestimmter kreativer zielgruppenorientierter Umgang mit dem Konzept möglich ist. Alle Übungen und Spiele können mit allen Altersgruppen durchgeführt werden, wenn sie entsprechend abgewandelt und zielgruppen- und situationsgemäß eingesetzt werden. Die einführenden Texte zu den einzelnen Abschnitten sollen die Erziehenden thematisch einstimmen. Sie können sich so dem Thema nähern, um den Kindern im Gespräch eine wertschätzende Bedeutung der einzelnen Elemente und Phänomene vermitteln zu können.
Die Geschichten und Gedichte sollten methodisch kreativ eingesetzt werden, d. h., sie sollten den Kindern vorgelesen werden, die Kinder werden eingeladen, ihre Gedanken und Ideen dazu zu äußern, zu malen, zu gestalten, in Rollenspiele umzusetzen, neue Geschichten und Gedichte zu verfassen. Die elementare Natur-Umwelt des Kindes – Erde, Feuer, Wasser, Luft, Sonne, Mond, Sterne, Wald, Steine – soll mit vielen Sinnen in der direkten Anschauung, im direkten Erleben oder, wo nicht unmittelbar möglich, didaktisch aufbereitet in überschaubaren Sinnzusammenhängen bewusst erlebt werden können.

Die Bereiche „Lebewesen, Pflanzen, Kräuter“ konnten hier wegen ihres großen Umfangs nicht gesondert thematisiert werden.
Der achtsame wertschätzende Umgang mit Mensch, Natur und Umwelt soll durch die bewusste Wahrnehmung zu einem positiven Umweltbewusstsein, zu einer positiven Umgangskultur führen.

*Umweltkommunikation:* Zu allen Aktionen sollte auch immer das Gespräch mit den Kinder zur Natur- und Umweltwahrnehmung hinzu kommen! Es müssen Gesprächsanlässe geschaffen und genutzt werden, damit über das Miteinanderreden und das Bewusstmachen des Wahrgenommenen ein wertschätzender Bezug aufgebaut werden kann.
Wichtig ist es, den Kindern erst nach dem sinnlichen Erleben die Möglichkeit des Reflektierens durch ein offenes Gespräch anzubieten! (→ siehe Fortbildungsbaustein Umweltkommunikation, S. 161)

## Erde

Die Erde ist der Grund unseres Lebens. Zum Grunde des Lebens keine Beziehung mehr zu haben, kann das Leben grundlos, sinnlos machen. Die Erde gibt uns den Raum, Wurzeln zu schlagen, einen Heimatort zu finden und zu gestalten. Die Erde ist lebendig, sie bietet den Tieren und Menschen Lebens-Raum und Lebensmöglichkeit, sie ist Fundament des Lebens, des Lebendigen. In vielen Kulturen wird die Erde als „Mutter Erde“, als die Mutter allen Lebens betrachtet und verehrt. Dieses Bild, Sinn-Bild drückt die enge Verbindung von Mensch und Natur, Mensch und Erde, aus. Die Erde bringt Pflanzen hervor, nährt und schützt den Menschen. Die Frau kann Kinder hervorbringen, sie ernähren und schützen. Erde und Mutter sind Lebensspender und Versorger des Lebens. Die Verbindung Mutter

und Erde als lebensspendende und lebensfördernde Aspekte, als Urkraft, hatte in vielen Kulturen schon immer eine tiefe symbolisch verbindende Bedeutung.
Wie eine lebendige vielschichtige Haut überzieht die Erde das Land. Diese Haut ist nirgendwo gleich. Die klimatischen Einflüsse und die Naturkräfte verändern die Erdoberfläche im Laufe der Zeit. Die Erdenhaut ist dem Prozess des Wandels unterworfen, sie ist lebendig und verändert sich ständig. Verliert der Mensch die Beziehung zu seinem Grunde, zur Erde, so besteht die Gefahr, dass er die Beziehung zum Lebendigen, zum Lebensfördernden und Lebensspendenden, verliert. Er verliert den Bezug zum Lebenslauf, zum Prozesshaften des Wachsens und Sterbens.
Die Vorstellung der „Mutter Erde“ leitete das Denken und Handeln der Menschen und führte zu einem entsprechend respektvollen Umgang. Die Erde war Lebensspender. Sie wurde in ihrer Kraft geehrt und genutzt, nicht aber geschändet und ausgenutzt, so dass nur eine

tote Masse übrigbleiben würde. In die Erde und den natürlichen Lauf einzugreifen, wurde noch als Verwundung betrachtet. Die Erde ist verletzbar, verwundbar – heute ein merkwürdig anmutender Gedanke.
Wenn die Vorstellung der „Mutter“ Erde als Sinnbild das Denken und Handeln bestimmt, wirkt sich das im Umgang mit der Natur und Umwelt aus. Das bewusste Wahrnehmen und direkte Erleben, das bewusste Verinnerlichen, hilft die Verbindung zwischen „Außen“ und „Innen“ herzustellen. Der Mensch erlebt und erkennt das Wechselspiel der Natur als Organismus mit sehr eigenen Gesetzmäßigkeiten. Im Erleben erkennt er auch sich als kleinen Organismus im großen Organismus.
Mehr und mehr wird die Erde jedoch zum Gegenstand, zum Konsumgut. Der Boden wird „genutzt“, alle vorhandenen Kräfte ausgesogen, ohne an die nachhaltigen Auswirkungen zu denken, an die Folgen: Was soll aus dem toten Boden, aus der Erde werden? Entziehen wir der Erde die Lebenskraft, so entziehen wir uns die Lebenskraft.
Schon in der Rede des Indianers Chief Seattle von 1854 wurde dieser Zusammenhang deutlich ausgesprochen: „Wir sind Teil der Erde und sie ist ein Teil von uns. Die Erde gehört nicht dem Menschen; der Mensch gehört zur Erde. Alle Dinge sind miteinander verknüpft, wie das Blut, das eine Familie eint. Alle Dinge sind miteinander verknüpft. Was immer der Erde widerfährt, widerfährt den Söhnen der Erde. Lehrt eure Kindern, was wir unsere Kinder gelehrt haben, dass die Erde unsere Mutter ist. Was immer der Erde widerfährt, widerfährt den Söhnen der Erde. Wenn Menschen auf den Boden spucken, spucken sie auf sich selbst.“
Eine Zerstörung der Natur, der Landschaft heißt langfristig, Zerstörung der umfassenden Lebensräume und Lebensqualitäten. Sich als Teil des Ganzen, als wahrnehmender und gestaltender Teil des lebendigen Systems zu erleben, gibt Motivation und Kraft, das Ganze erhalten zu wollen. Eine Beziehung zum Grunde, zur Erde zu haben, aufzubauen und auszubauen ist nicht Rückschritt – im Gegenteil. Es

kann einen neuen Fortschritt auf allen Ebenen des menschlichen Daseins grundlegen, einen achtsamen Umgang mit unserer Erde, mit unseren Lebensressourcen und Lebensqualitäten zur Folge haben. Wir können versuchen, bei Kindern und Erwachsenen die Spuren des Bezugs zur Mutter Erde zu pflegen und neu wachsen zu lassen.
Brechen im Frühjahr zarte Schneeglöckchen durch die oft hart gefrorene Erde, können wir die ersten Zeichen des Aufwachens der Erde beobachten. Die Erde gibt das Leben preis, die kleinen Blumen wachsen aus der Erde dem Himmel entgegen.

**Umweltkommunikation: Fragen zum Gespräch**
Was ist Erde?
Wozu ist die Erde da?
Wie sieht die Erde aus, wie riecht sie?
Ist Erde lebendig?
Sieht Erde immer gleich aus?
Was machen die Menschen mit der Erde?
Brauchen wir die Erde und was wäre, wenn es keine Erde gäbe?

*Ziel:* Die Erde soll als „Grund“ des Lebens, als lebendiges und lebensspendendes Element wahrgenommen werden.

## Spiele und Übungen

**Goldgräber** Aus Goldpapierschnipseln werden kleine Kügelchen geformt und in einem abgesteckten Erdbereich kurz unter der Oberfläche versteckt. Die Kinder werden nun, ausgerüstet mit Schaufeln und Sieben, eingeladen „Gold“ zu schürfen, d. h. Erde zu sieben, um Goldstücke zu finden.

Es empfiehlt sich, einen Sammelbehälter für das gefundene Gold bereitzustellen und jedem Kind am Ende nur einen Goldklumpen mitzugeben, so hat das Goldstück einen symbolischen Wert.
Bei diesem Spiel haben die Kinder einen direkten berührenden Umgang mit der Erde, sie werden angeregt, über die Bedeutung von Bodenschätzen nachzudenken. Sie können erfahren, dass Erde nicht nur braun oder gar schmutzig ist, sondern dass sie viele Schätze in sich birgt und kostbar ist.

**Erdforscher**

Mit Erdforscherlupen (leere Papprollen) ausgestattet, werden die Kinder aufgefordert, wie Forscher die Erde ganz genau zu beobachten und zu schauen, welche Farbe die Erde denn nun wirklich hat. Die Kinder sollen jede Farbe, jeden Farbton, jedes Muster, jede Struktur etc., alles was sie sehen, beschreiben und benennen. Anschließend können die Kinder ein Bild zum Thema „Farben und Muster der Erde“ malen.

Diese Übung soll die Kinder zum genauen Beobachten und Schauen motivieren, ihnen einen Bezug zur Vielfarbigkeit und Vielfältigkeit der Erde bieten.

**Erdbilder** Als Erdforscher haben die Kinder die verschiedenen Farben der Erde gesehen. Sie werden anschließend mit einem Papier, welches leicht mit Kleister eingestrichen wurde, ausgerüstet. Mit den unterschiedlichen Erdsorten, die vorher in Gläsern gesammelt wurden, können sie jetzt mit Erde malend ein „Erdenbild" gestalten.

Auch ist es möglich, auf einer Tapetenrolle ein gemeinsames Erdenbild entstehen zu lassen. Abschließend sollen die Kinder ihr Kunstwerk betrachten und erzählen, was ihnen dazu eingefallen ist.

**Ton-Erde** Die Kinder werden eingeladen, aus Ton neue Erdenmenschen, -tiere und -pflanzen zu formen und zu gestalten oder sogar eine neue „Kinder-Erde".

Ton ist ein Erdbestandteil und eignet sich hervorragend zum Modellieren, Ertasten und Gestalten. Die Kinder haben beim Arbeiten mit Ton den direkten Kontakt mit einer Erdart. Sie spüren wie sich Erde anfühlen kann. Im Vordergrund dieser Übung steht die „Berührung".

Die Einzelwerke können mit Natur- und Umweltmaterialien zu einem gemeinsamen Kunstwerk weiter gestaltet werden.

Außer Fantasiewesen und -welten, Gefäßen o. Ä. kann man aus Ton auch ungewöhnliche Bilder herstellen. Dazu muss man den Ton in den Deckel einer Pappschachtel füllen und glatt streichen oder -drücken. Dann kann man je nach Lust entweder alle möglichen Dinge in den Ton drücken, wie zum Beispiel Muscheln, Steine, Schneckenhäuser, Stöckchen usw., oder man brennt den Ton im Backofen etwas an, damit er härter wird. Wenn man den Ton dann nach kurzem Abkühlen wieder anfassen kann, könnte man zum Beispiel mit einem spitzen Gegenstand etwas in den Ton hineinritzen oder man stellt einen Hand- oder Fußabdruck her.

Je nach dem, wie fest und dick die Tonschicht in der Pappschachtel ist, muss man den Ton danach brennen. Die Kinder können mit dem Material kreativ umgehen und haben direkten Kontakt mit der Erdsorte Ton. Das sinnliche „Erfassen“ dieses Materials ist hierbei von besonderer Wichtigkeit. Wenn man den Ton etwas anfeuchtet, können die Kinder mit ihm „matschen“, auch daran haben sie oft große Freude.

**Erdspuren**

Mit Rindenmulch wird auf einem Steinboden im Gelände (im Raum eine Folie unterlegen) eine Spur ausgelegt, etwa 30 cm breit und beliebig lang. Es ist sinnvoll, die Spur als unregelmäßige Schlangenlinie zu gestalten, da die Kinder mit geschlossenen Augen, nur fühlend mit den Füßen, der Spur folgen soll. Dem Kind kann zur Sicherheit eine Hand gereicht werden oder eine Handfläche auf den Rücken gelegt werden, damit es sich besser orientieren kann und ihm nicht schwindelig wird.

Durch das Spüren mit den Füßen können die Kinder versuchen, ihren Weg zu finden, wie es z. B. die Indianer noch konnten. So fragte eine Indianerin einmal, als sie das erste Mal Schuhe tragen sollte, ob sie jetzt immer „Augenbinden“ für die Füße tragen müsste? Der Erdkontakt über die Füße, mit den Füßen „sehen“, das ist in anderen Kulturen und zu anderen Zeiten noch selbstverständlich gewesen. Wir können versuchen, Spuren dieses Gefühls wieder zu entdecken und wiederzubeleben.

**Erdschnuppern**

Für dieses Spiel braucht man einen Ort, an dem mehrere unterschiedliche Böden vorhanden sind. Das ist zum Beispiel an einem Waldrand der Fall. Jedes Kind erhält zwei leere, geruchsfreie Schraubgläser, die mit Papier oder Folie umklebt worden sind, damit

man den Inhalt nicht sehen kann. Die Kinder erhalten die Aufgabe, in die Gläser zwei unterschiedlich riechende Bodensorten als Schnupperprobe zu füllen. Ein Klebestreifen wird unter jedes Glas geklebt auf dem geschrieben steht, um welchen Boden es sich in dem betreffenden Glas handelt. Dann treffen sich die Kinder wieder, stellen die Gläser zusammen und mischen sie. Die Aufgabe der Kinder ist es nun, durch Beschnuppern der einzelnen Gläser herauszufinden, um welchen Boden es sich handelt. Zur Kontrolle kann unter dem Glas nachgeschaut werden. Schwieriger ist es, sein eigenes Glas herauszuschnuppern. Um das Wiedererkennen nicht zu einfach zu machen, sollte man darauf achten, dass alle Gläser die gleiche Form haben.
Die Erde riecht nicht immer gleich. Nach einem Sommerregen riecht der Waldboden würzig, nach Moder, nach Bäumen und Erde. Trocknet dagegen die Sonne den Boden aus, dann riecht die Erde nach trockenem Laub, nach Blumen und nach Kräutern. Je nach Beschaffenheit, Zusammensetzung und Feuchtigkeit ändert sich der Geruch. Kinder können auf einer „Schnuppersafari" den unterschiedlichen Erdgerüchen auf die Spur kommen.

## Erdraupe

Alle Teilnehmer sind barfuß und stellen sich in einer Reihe hintereinander auf. Anschließend legen sie die Hände auf die Schultern des Vordermanns und schließen die Augen. Nun wandert die Erdraupe los. Es sollte nicht gesprochen werden. Der sehende „Erdraupenführer" wandert mit den Teilnehmern über die verschiedenen Böden. Jeder sollte sich auf die eigenen Fußeindrücke konzentrieren: Wie fühlt sich der Boden an?

Zum Ausruhen kann sich die Erdraupe einen schönen Platz suchen, hier können alle von ihren Eindrücken erzählen. Die Raupe kann sich dann mit neuem Führer auf eine weitere Entdeckungsreise machen.

**Erd-Geräusch-Memory**

Die unterschiedliche Beschaffenheit der Böden lässt sich nicht nur mit Hilfe der Nase oder der Augen nachweisen, sondern kann auch durch den Einsatz unseres Gehörs bewiesen werden.
Für das Geräusch-Memory braucht man eine gerade Anzahl von Plastikdosen, Schraubgläsern oder Filmdosen, die alle die gleiche Form und einen festen Verschluss haben. Sie werden mit dem gleichen Papier oder der gleichen Folie beklebt, damit ihr Inhalt nach außen für den Betrachter unsichtbar bleibt. Dann werden sie mit verschiedenen Bodensorten gefüllt. Dabei sollte darauf geachtet werden, dass in jeweils zwei Gefäßen die gleiche Menge der betreffenden Bodenprobe, Laubstreu, Nadelstreu usw. gefüllt wird. Die Gefäße werden dann fest verschraubt und unter jedes ein kleiner Aufkleber zur Identifizierung der Sorten geklebt.
Die Dosen werden gut gemischt und aufgestellt. Einer der Teilnehmer nimmt eine Dose, horcht daran während er sie schüttelt und überlegt, was sich darin befinden könnte. Dann greift er zu einer zweiten Dose, horcht ebenfalls beim Schütteln an ihr und entscheidet, ob die beiden Inhalte gleich klingen. Ist dies der Fall, dann soll er sagen, um was für eine Bodenprobe es sich handelt und schaut dann zur Kontrolle in das Gefäß hinein. Stimmt seine Vermutung, dann soll der Spieler einen neuen Platz für die Dosen suchen. Sollte seine Vermutung nicht stimmen oder sollte er keine gleichklingenden Gefäße genommen haben, dann stellt der Spieler die Gefäße wieder an ihren Platz zurück.

Das Ziel des Spiels ist es, dass jeder Spieler im Laufe des Spiels alle Dosenpaare heraushört.
Es ist wichtig, dass die Kinder die Dosen nach dem Hören öffnen und die Bodenprobe anschauen, da sie sich sonst keine Vorstellung davon machen können, welche Geräusche von welchen Bodenproben erzeugt werden und die Geräusche abstrakt blieben.

**Erd-Fühlkisten**

In Schuhkartons werden in die schmalen Seiten Löcher hineingeschnitten, sie müssen so groß sein, dass man mit einer Hand in sie hineingreifen kann. Der Boden der Kartons wird mit Plastikfolie ausgekleidet. Dann gibt man die unterschiedlichen Materialien – grobe Erde, feine Erde, Blumenerde, Sandkastensand, Steine, Kies, Moos, Torf, Laub, Kohle/Brikett, Feldstein, usw. in die Kisten und befestigt den Deckel auf dem Karton.

Die Kinder greifen mit beiden Händen, jeweils von rechts und von links, in die Öffnungen des Kartons und befühlen, am besten mit geschlossenen Augen, den Inhalt. Sie sollen aufgefordert werden, ihren Fühleindruck zu beschreiben: Wie fühlt es sich an? Ist das angenehm, was könnte das wohl sein? Anschließend dürfen sie in den verschiedenen Kartons nachschauen, um das Gespürte mit dem Sichtbaren in Einklang zu bringen.

**Schminken mit Erde**

Nicht nur zur Faschingszeit schminken sich viele Kinder gerne. Auf ganz unkonventionelle Art und Weise können sich Kinder mit Heilerde und Blumen (eventuell auch mit Kohle oder Lehm) schminken. Die Heilerde erhält man in Drogerien. Das feine Pulver der Heilerde wird mit Wasser in einer Schüssel zu einer Masse angerührt und kann dann als Maske auf das Gesicht aufgetragen werden. Außerdem können die Kohle und der Lehm als Schminke genutzt werden. Heilerde hat einen feinen, tonigen Geruch. Je nachdem, wie dick man sie aufträgt, bekommt sie eine ocker- bis dunkelbraune Färbung. Durch die Säurezusammensetzung hat die Heilerde eine reinigende Wirkung.

In die noch feuchte Heilerde können dann zur Verzierung Blüten und Blätter gesteckt werden. Auf diese Weise kann man den Duft der Erde mit dem verbinden, was auf ihr wächst.

Wenn die Erde auf dem Gesicht trocknet, kann man sie intensiv auf der Haut spüren. Die Erde kann beim Trocknen ein wenig abbröseln. Derweil kann man sich gegenseitig Geschichten über die Erde erzählen und dabei ihren Duft intensiv wahrnehmen.

**Ein „Kinder-Garten“**

In einem eigenen Garten haben Kinder die Möglichkeit, Erde intensiv und allein, ohne Anweisungen von Erwachsenen, zu erleben. Um einen „Kinder-Garten“ anzulegen, ist ein größeres Stück Land nötig. Ein Teil dieses Landes sollte von allen gemeinsam bearbeitet werden. Der Rest des Geländes wird unter den Kindern aufgeteilt. So bekommt jedes Kind sein eigenes Stück, auf dem es nach eigenen Ideen frei säen und ernten darf. Die Erwachsenen sollten nur auf ausdrücklichen Wunsch eines Kindes als Berater zur Verfügung stehen.

Zu dem eigenen Stückchen Erde werden die Kinder vermutlich bald eine besondere Beziehung entwickeln. Sie haben es gehegt und gepflegt, konnten das Wachstum von Gemüse und „Unkraut“ ebenso beobachten, wie verschiedene Bodentiere, Käfer und Schnecken. Mit ihrem Garten sind also eine Reihe spannender Erlebnisse verbunden, nicht zu vergessen der Stolz der ersten eigenen Ernte.
Im „Kinder-Garten“ beginnen die Kinder sich meistens zum ersten Mal für ein Stückchen Erde verantwortlich zu fühlen und es als wertvoll zu erleben.

## Geschichten und Gedichte

### Die Betonblume

Schon lange lagen der König von Betonien und die Königin der Erde miteinander im Streit. „Das ist kein Leben mehr“, klagten die Lebewesen der Erde, die Ameisen, Käfer, Schmetterlinge und die vielen Pflanzensamen und Wurzeln. Sie waren eingeschlossen, konnten nicht mehr atmen, lebten wie in einem Kerker, dessen Tür zubetoniert ist. Immerfort suchten sie einen Spalt, eine Ritze, um ans Sonnenlicht zu kommen. Aber da der König von Betonien alles ordentlich und gründlich haben wollte, legte er seinen grauen, harten Mantel über die Erde, ohne sich um den Widerspruch von unten zu scheren.
Der König von Betonien hatte großartige Maschinen und Werkstätten und viele Wissenschaftler. Aber die Königin der Erde besaß das uralte Wissen vom Feuer, von den Pflanzen, von tief verschütteten Gesteinen und Erzen. In geheimen Höhlen gingen ihre Magier und Zwerge ans Werk, fügten dieses und jenes zusammen und mischten verschiedene Samen und Wurzeln.
Und in einer schönen Nacht – den schönen Tag gab es ja nur oben – war es so weit: Die Betonblume war geschaffen. Schon schlug sie zornig gegen die graue Decke. Und es gelang ihr: Sie durchbrach den

Beton und drang ans Sonnenlicht. Sie war grün, hatte einen hübschen, flaumigen Silberrand und viele rotgelbe Knospen.
Auf jeder Straße und auf jedem Platz brachen Betonblumen hervor, verbreiteten sich und wurden groß wie Bäume. Auch ihre Knospen wurden größer, öffneten sich im Sonnenlicht und begannen, ganz eigenartig zu duften.
Die Arbeiter des Königs von Betonien kamen mit ihren Universalschneidemaschinen angefahren – doch da stieg der Duft in ihre Nasen und sie begannen zu vergessen, dass sie gekommen waren, um die Pflanzen abzusägen. Sie lächelten, träumten vor sich hin und schliefen schließlich ein.
Die Kinder von Betonien hatten zuerst ein wenig Angst, aber dann feierten sie ein großes Fest, das Betonblumenfest. Und sie bestaunten die eifrig umherlaufenden Ameisen, die krabbelnden Käfer, die flatternden Schmetterlinge. So etwas hatten sie noch nie gesehen. Sie kletterten auf die kräftigen Äste der Betonblume, und jedes Mal, wenn der Beton einen neuen Sprung bekam, tanzten und sprangen sie herum.
Die schönen Pflanzen waren wie ein Zeichen des Lebens und der Freude, und als sie den ganzen Betonboden der Stadt durchlöchert hatten, musste der stolze König von Betonien klein beigeben: Er schloss Frieden mit der Königin der Erde.
Und seither hat jede Straße, jeder Platz, jede Häusergruppe ihren grünen Fleck – Wiesen, Bäume und Sträucher.
Vielleicht hat der König von Betonien sich sogar selbst ein wenig geändert, vielleicht denkt er weniger an seine Maschinen und lernt es, heiter und fröhlich zu sein.

**Die Erde ist schön**

Er stand vor seinem kleinen Lieferauto. Die hintere Bordwandtür war heruntergeklappt, die Waren lagen darauf, die seine Frau zum Verkauf anbot: Silberschmuck mit Türkis, dem heiligen Stein der Navajo, Armbänder, Halsketten, Ringe. Im Schatten des Wagens saß

seine kleine Tochter und fädelte getrocknete Wacholderbeeren und bunte Perlen zu einer Kette auf.
Die Straße, neben der die Navajofamilie ihren fahrbaren Händlerladen aufgestellt hatte, führte durch ödes Land. Nichts als grauer Sand, bröckliges schwarzes Gestein, nackt unter der grellen Sonne. Sehr weit weg, am Fuß einer kleinen Erhebung stand der Hogan, das Erdhaus der Familie. Ein paar windzerzauste Büsche davor. Sonst nichts.
Er sah uns an. „Ich weiß, was ihr denkt“, sagte er. „Ihr fragt euch, warum wir hier leben. Alle Weißen fragen sich das. Für euch ist dieses Stück Land hässlich, für uns Navajo ist es schön. Der Schöpfer hat es uns gegeben. Wir sind dankbar dafür. Die Erde ist schön. Sie gibt uns alles, was wir brauchen.“ –
Wir hatten den Mann mit dem Lieferauto schon einmal getroffen, als wir – meine Schwester und ich – auf unserer Fahrt durch das Land der Navajo zu einem der Klippenhäuser der Anasazi gewandert waren. Die Anasazi sind ein altes, ausgestorbenes Volk, das vor Hunderten von Jahren den Südwesten Nordamerikas besiedelte. In den schroff abfallenden Felswänden der vielen Canyons gibt es immer wieder riesige, natürliche Nischen; dort baute dieses Volk, die „alten Indianer“, seine Häuser aus Lehm und Stein. Da wenig Regen fällt, hat die trockene Luft die vorgeschichtlichen Bauten erhalten, wie sie einst waren; man könnte meinen, dass die Bewohner ihre Häuser erst vor kurzem verlassen haben.
Der Weg zu den Klippenhäusern führte über eine Hochebene, eine Halbwüste, in der nur die widerstandsfähigsten Gewächse gedeihen, dornige Sträucher, verkrüppelte Bäume. Aber es war Frühling! Von überall her leuchteten büschelweise Kakteenblüten. Unter jedem Busch blühte es. Immer wieder sahen wir die roten Glocken der Bartzunge auf ihren zerbrechlichen Stielen.
Dort, auf dem Weg zu den Klippenhäusern, lernten wir ihn kennen, Donovan Hill, den Bauern aus dem Volk der Navajo. Er besaß nur ein

so karges Stück Land, dass im Vergleich dazu selbst der ärmste Bergbauer bei uns ein reicher Mann ist. Seine Frau und seine Kinder fertigten daher Schmuck an, den sie an Touristen verkauften.
Nachdem wir uns begegnet und eine Weile miteinander gegangen waren, kamen wir mit Don ins Gespräch. Ich sagte ihm, wie sehr es uns beeindruckte, dass in dieser unfruchtbaren Halbwüste Menschen gelebt und gesiedelt hatten.
„Ja, ihr Weißen", sagte Don und lächelte verschmitzt, „ihr könntet hier nicht überleben."
„Stimmt!" sagte ich. „Wir würden verhungern, verdursten, umkommen."
„Das ist es", antwortete er. „Ihr habt soviel vergessen. Vielleicht habt ihr es auch nie gewusst. Wir Navajo wissen es noch."
Er zeigte auf einen verkrüppelten Strauch. „Die Rinde ist gut für kranke Augen. – Und dieser Baum trägt im Herbst essbare Früchte."
Er wies auf eine unscheinbare Pflanze. „Die Wurzeln schmecken gut, man kann Suppe daraus kochen … das ist gut gegen Rückenschmerzen … das heilt Wundfieber … das kann man essen … das auch … das auch … das stillt Durst … daraus machten die Anasazi Bogen und Pfeile … daraus flochten sie Körbe …"
Den ganzen langen Weg ging es so weiter: Jede Pflanze, jeder Strauch, jeder Krüppelbaum bot dem Menschen etwas an, das ihm nützlich war.
Dieses den Menschen feindliche Land – zumindest in den Augen von uns Europäern – war den alten Anasazi Apotheke und Speisekammer gewesen. Hier hatten sie alles gefunden, was sie zum Leben brauchten.
*Käthe Recheis / Helga Zoglmann*

## Über die Erde

Über die Erde
sollst du barfuß gehen.
Zieh die Schuhe aus,
Schuhe machen dich blind.
Du kannst doch den Weg
mit deinen Zehen sehen.

Auch das Wasser
und den Wind.
Du sollst mit deinen Sohlen
die Steine berühren,
mit ganz nackter Haut.
Dann wirst du bald spüren,
dass dir die Erde vertraut.

Spür das nasse Gras
unter deinen Füßen
und den trockenen Staub.
Lass dir vom Moos
die Sohlen streicheln
und küssen
und fühl
das Knistern im Laub.
Steig hinein,
steig hinein in den Bach
und lauf aufwärts
dem Wasser entgegen.
Halt dein Gesicht
unter den Wasserfall.

Und dann sollst du dich
in die Sonne legen.
Leg deine Wange an die Erde,
riech ihren Duft und spür,
wie aufsteigt aus ihr
eine ganz große Ruh.
Und dann ist die Erde
ganz nah bei dir,
und du weißt:
Du bist ein Teil von allem
und gehörst dazu.

## An dich Mutter Erde

Ich liebe den Regen, er reinigt mich, schafft Klarheit,
ich liebe die Sonne, sie wärmt mich, gibt mir Kraft,
ich liebe den Mond, die Sterne, sie zeigen mir:
ich bin ein Teil des Gesamten,
ich liebe die Luft, sie lässt mich federleicht atmen und fliegen,
ich liebe den Wind, sein Ton trägt mich weit über alle Welten,
ich liebe die Bäume, sie sind Sinnbilder zwischen Himmel
und Erde,

ich liebe die sonnendurchfluteten Getreidefelder,
in jedem Korn schlummert die unendliche Lebensenergie,
ich liebe das Meer, es lehrt mich mit Weichheit das Harte
in mir überwinden;
nicht durch Bücher und Wissen,
durch dich Mutter Erde,
habe ich fühlen und sehen gelernt.
Der Himmel ist hier und jetzt!
*Irmgard Baum*

**Weisheit der Indianer**

Jeden Tag
die Erde mit den Füßen berühren
am Feuer sich wärmen,
ins Wasser fallen
und von der Luft gestreichelt sein.
Wissen ein Tag ohne die vier,
Schwester Wasser und Bruder Feuer
Mutter Erde und Vater Himmel,
ist ein verrotteter Tag.
Ein Tag im Krieg,
den wir gegen alles führen.
*Dorothee Sölle*

**Männer und Frauen der Erde**

Großer Geist,
gib uns ein hörendes Herz:
damit wir von deiner Schöpfung
nicht mehr nehmen, als wir geben,
damit wir nicht willkürlich zerstören
nur um unserer Habgier willen,
damit wir uns nicht weigern,
ihre Schönheit mit unseren Händen
zu erneuern,

damit wir niemals von der Erde nehmen,
was wir nicht wirklich brauchen.
Großer Geist,
gib uns Herzen, die verstehen:
dass wir Verwirrung stiften,
wenn wir die Musik der Erde stören,
dass wir blind für ihre Schönheit werden,
wenn wir ihr Angesicht verunstalten,
dass wir ein Haus voll Gestank haben,
wenn wir ihren Wohlgeruch verderben.
Ja, Herr, wenn wir sorgsam mit der Erde umgehen,
sorgt sie für uns.
*Indianisches Gebet*

## Feuer

Das Feuer ist die archaische Quelle der Wärme, der Energie, des Lichts. Feuer bedeutet Verwandlung und Verwertung. Es nimmt, um zu geben, es gibt, um zu verwandeln: die Dunkelheit in Helligkeit, die Kälte in Wärme, das Rohe in das Gare. Das Faszinierende am Feuer ist sicherlich das „Unvorhersehbare" und das „Nichtbeherrschbare". Flammen züngeln auf eine nicht beherrschbare Weise, sie sind aus sich heraus kraftvoll dynamisch. Feuer anschauen ist ein „Natur-Schau-Spiel". Das Werk des Feuers ist ein „Feuer-Werk". Es ist wenig kontrollierbar und fasziniert durch den kraftvollen unruhigen Ausdruck, es züngelt, knistert, knackt und flackert. In jedem Naturschauspiel wird die elementare Wirkkraft der Natur deutlich. Im direkten Erleben der Natur kann sich eine respektvolle Haltung gegenüber der Natur bilden.

In den Naturwissenschaften wird Feuer als Prozess des Verbrennens analysiert und beschrieben. Die Wirkkraft des Feuers im Erleben des Menschen wird mehr und mehr vergessen. Menschen werden jedoch vom Feuer angezogen, „verzaubert“, ohne das sie erklären können oder erklären müssen, was da auf sie wirkt.
Die Feuerbeherrschung und -nutzung ist schon immer Aufgabe des Menschen gewesen: selber Feuer machen, Feuer hüten, Feuerwirkungen erforschen. Die Feuererzeugung durch leicht brennbare Materialien im Zusammenwirken mit Reibungsenergie; Brenngläsern und Sonnenlicht waren wahre Forscheraufgaben. Die Feuernutzung war Motor der Kulturentwicklung. Feuernutzung bedeutete auch „Schutz“, Schutz vor Tieren, Feuer brachte Licht in die Nacht. Es machte den Brand von Ton möglich und legte damit den Grundstein für Steinmauern und „Abgrenzung“, auch für Isolierung. Werkzeuge konnten unter der Einwirkung von Feuer hergestellt, neue Nahrungswege erschlossen werden. Der Mensch erreichte durch eine gezielte Nutzung des Feuers ein neue Dimension der Entwicklung. Feuer als Symbol der Energie, Gemeinschaft und Verwandlung weiterzugeben, hat heute noch einen symbolischen Wert, z. B. bei den olympischen Spielen oder bei Fackelumzügen.
Das flackernde Feuer als Ort der Wärme und Versammlung, der Gemeinschaft, wurde abgelöst von fast unsichtbaren Heizkörpern, Fußbodenheizungen, Herden, Mikrowellen mit technisch regulierbarer Raum-Wärme und Erhitzungsquellen, mit einer fast „anonymen“ Energie.
Das Feuer verschwindet heute mehr und mehr aus der Erfahrungswelt der Kinder und Erwachsenen. Häufig machen Kinder mit Feuer nur noch Erfahrungen im Anschauen vom Kerzenlicht oder eben nicht mehr direkt, nur noch im Anschauen von Filmen und Büchern. Die Substanz der elementaren kindlichen Lebenswelt im Umgang mit den Elementen wird angegriffen. Fehlt das unmittelbare Erleben ei-

nes Feuers, so wird dem Kind eine grundlegend tiefe Beziehung zu dieser Urgewalt als elementarer Lebenskraft genommen, doch Feuer ist Lebensenergie.
Noch bis heute hat Feuer in seiner Vernichtungskraft etwas ultimatives, wenn es vernichtet, dann radikal, es hinterlässt dunkle Spuren, Asche. Feuer ist einerseits radikal vernichtend, es kann irreversible Schäden anrichten. Feuer ist aber auch Kraftquelle, Energie, Licht und Wärme. „Feuer fangen" kann aber auch bildlich gedeutet, positiv gemeint sein, es bedeutet, von der Wirkung einer Person oder Idee „angesteckt" zu werden.
Gerade die Gegenpole der positiven wie negativen Wirkkraft scheinen die Faszination des Feuers auszumachen.

**Umweltkommunikation: Fragen zum Gespräch**
Was ist Feuer?
Wie entsteht Feuer?
Wie entstand Feuer früher?
Was ist Energie und Hitze?
Was kann Feuer?
Warum kann Feuer gefährlich sein?
Wozu brauchen wir Feuer?
Was ist schön und faszinierend am Feuer?

*Ziel:* Das Feuer und seine archaische Energiekraft soll von den Kindern auch in seinen Entwicklungsstufen wahrgenommen werden.

## Spiele und Übungen

**Feuer-Flamme** Der Raum wird verdunkelt, die Kinder sitzen in einem großen Kreis oder in mehreren kleinen Kreisen auf Stühlen oder auf dem Boden. Es wird eine Kerze entzündet. Alle können sich jetzt die Flamme anschauen und nacheinander erzählen, was sie sehen, fühlen, an was sie denken, wenn sie eine Flamme sehen. Es können Fragen gestellt werden wie z. B.: Was braucht die Kerze, um zu brennen? Brennt eine Kerze immer gleich? Wann flackert sie? Die Kinder werden gebeten, ganz vorsichtig zu pusten, aber nur so, dass sie die Flamme „bewegen“, nicht löschen. Es kann versucht werden, die Flamme hin und her zu bewegen, d. h. einmal wird von der einen Seite vorsichtig gepustet, einmal von der anderen Seite.

**Feuer-Bilder** Die Kinder werden gebeten, „Feuer-Bilder“ zu malen. Sie dürfen dabei das ganz stille gemütliche Feuer, aber auch das gefährlich wilde

Feuer malen oder beides – alles was ihnen zum Feuer einfällt. Die Feuer-Bilder sollen ausgestellt werden und jedes Kind darf zu seinem Feuer-Bild erzählen.

**Feuertanz**

Die Kinder hocken ganz klein zusammengekauert auf dem Boden. Der Kopf ruht auf den übereinander gelegten Händen, sie bilden den Feuerkreis. Ganz langsam beginnt das Feuer zu brennen – die Kinder atmen ganz kräftig und beginnen, sich ganz langsam zu bewegen. Da kommt ein kräftiger Windstoß und das Feuer beginnt zu flackern – die Kinder beginnen, sich zu recken und zu strecken, die Arme zu heben. Das Feuer wird immer kräftiger und kräftiger und züngelt hoch zum Himmel hinauf – in Schlangenbewegungen stehen die Kinder langsam auf und strecken sich immer mehr zum Himmel. Dann wird das Feuer immer schwächer – die Kinder gehen langsam wieder in die Ausgangshaltung zurück.
Doch plötzlich – peng! – ein starker Windstoß und die Funken fliegen. Alle Kinder schnellen hoch, die lustigen Funken drehen sich im Kreis herum und fliegen hin und her – doch dann hat das Feuer wirklich keine Kraft mehr. Alle Kinder kauern sich wieder am Boden zusammen, atmen tief durch, die Flammen sind erloschen.

**Flammenmobile**

Die Kinder können auf rotem, orangefarbenem und gelbem Tonpapier den Umriss von „Feuerflammen“ malen und diese dann ausschneiden. Es kann auch Transparentpapier in Schichten übereinander geklebt werden und dann entsprechend in das Innere einer „Feuerflammenform“ geklebt werden. An die einzelnen Flammen werden Fäden geknüpft und einzeln oder als Mobile aufgehängt – möglichst in Fensternähe, damit die Sonne und die Luft mit den Flammen spielen können.
Für ein Fest können die Flammen auch in einen Baum oder an einen Ast gehängt werden und so das Freudenfeuer darstellen.

*Anmerkung:* Früher, wenn ein Feldherr eine Schlacht gewann, entzündete er Freudenfeuer, daraus entstanden die Freudenfeuer bei Festen. Auch heute entzünden wir noch Feuer, wenn wir uns freudig erinnern, wenn wir ein Fest feiern, z. B. Osterfeuer, Geburtstags-, Advents-, Weihnachtskerzen/-feuer, Johannisfeuer, Sonnenwendfeuer, Feuerwerk.

**Feuer-Geschichten**

Die Kinder sitzen im Kreis (evtl. zunächst im dunklen Raum mit Kerze oder am Feuer draußen) und eine Person beginnt, eine „Feuer-Geschichte“ zu erzählen, z. B.: Eines Tages, vor langer, langer Zeit, hatte die Sonne furchtbare Langeweile. Da dachte sie sich: Wie kann ich nur etwas ganz Aufregendes machen? Sie überlegte und überlegte, und dann, ganz plötzlich fiel ihr etwas ganz Wildes ein. Sie nahm all ihre Feuerkraft und erfand die Blitze. Mit ganz viel Gepolter warf sie Blitze auf die Erde und einige Blitze trafen auf Holz und so brach Feuer aus. Das Feuer war guter Laune und sehr wild, es wollte sich ausbreiten …

Die Kinder werden der Reihe nach gebeten, die Geschichte weiter zu erzählen, sich verrückte Sachen zum Feuer auszudenken, die alle nicht wahr sein müssen.

*Anmerkung:* Die Kinder sollen angeregt werden, fantasiereiche Geschichten zum Feuer zu erfinden. Es sollte ihnen am Ende der Feuer-Geschichtenstunde auch erzählt werden, dass Blitze durch das Zusammentreffen von Wolken entstehen, dass Blitze eine Kraft wie elektrischer Strom haben und gefährlich sein können, die meisten Häuser aber heute zum Schutz Blitzableiter, so genannte „Blitzefänger“ haben. Die Kinder können nach dem Geschichtenerzählen aufgefordert werden, eine Feuer- oder Blitzgeschichte aufzuschreiben oder zur Verarbeitung Feuer- und Blitzbilder zu malen.

**Feuerhüter**

Alle Kinder sitzen im Kreis. In der Mitte sitzt ein Kind mit verbundenen Augen vor einem roten Tuch, dieses Kind ist der „Feuerhüter". Wenn es ganz still geworden ist, wird jemand als Feuerlöscher ausgewählt, d.h. es wird still auf ihn gezeigt. Dieses „Feuerlöscher-Kind" muss sich jetzt, so leise es geht, dem Feuer nähern. Wenn es ihm gelingt, ohne Geräusche zu machen, mit einer Fingerspitze das rote Tuch zu berühren, wird es neuer „Feuerhüter". Der „Feuerhüter" darf „Stop" rufen, wenn er ein Geräusch hört. Die Spielleitung entscheidet, ob es wirklich ein Geräusch von dem ausgewählten „Feuerlöscher-Kind" war. Nach etwa drei Fehlversuchen wird das Feuerhüterkind abgelöst, damit alle Kinder einmal an die Reihe kommen.

*Anmerkung:* Den Kindern kann erzählt werden, dass das Feuer bis zur Mitte des 19. Jahrhunderts mühsam mit Feuerstein und Stahl geschlagen wurde, dass das Feuer zum Kochen, Backen und Wärmen lebensnotwendig war und deshalb niemals ausgehen durfte. Es wurde immer wieder Holz nachgelegt, damit es weiter brennt. Die Menschen versammelten sich um das Feuer und bei Nacht mussten die Feuerstellen von den Hüterinnen und Hütern der Feuer bewacht werden – eine ganz wichtige Aufgabe. Erst 1806 wurden die Streichhölzer erfunden und viel später die Feuerzeuge.

**Feuer-Wasser**

Die Kinder erhalten aus Pappe ausgeschnittene Flammensymbole oder Wassertropfen (im Verhältnis von 4 Flammen zu 1 Wassertropfen). Alle gehen (wahlweise zu einer Musik) im Raum umher und wechseln ihre Symbole. Wenn die Spielleitung (bei Musikstop) ruft „Es brennt!", müssen immer vier Flammen zusammenkommen, sich eng zusammenstellen, die Arme in die Luft recken und in lodernden, schlängelnden Bewegungen wild brennen, bis ein Wassertropfen kommt und das Feuer löscht. Dazu muss das Wassertropfen-Kind mit seinem Arm von unten nach oben mit lauten Zisch-Geräuschen die Flammen berühren und so löschen. Eine Flamme, die von den Beinen hoch bis zu den Armen gelöscht wurde, kann sich setzen. Wenn alle Flammen gelöscht wurden, d. h. alle sitzen, kann das Spiel wieder von vorn beginnen.

*Varianten:* Die Spielleiterin kann die Kinder auch auffordern (ohne Musik), rhythmisch die Schritte mit den Worten „flacker-flacker …“ zu begleiten.
Sie kann auch weitere Hinweise geben, z. B. abwechselnd „große Flammen“ – alle gehen auf Zehenspitzen und strecken die Arme in die Höhe oder aber sie sagt „kleine Flammen“ und alle gehen in die Hocke und bewegen sich ganz langsam.

**Feuer-Kunst**

Mit durchgefärbten entzündeten Kerzen und Malpapier ausgestattet können die Kinder „Kerzentropfbilder“ entstehen lassen. Der vorsichtige Umgang wird deutlich „angesagt“, wer unvorsichtig ist, muss sofort die Kerze löschen und darf nur einfach malen. Es können auch, um die Farbenvielfalt zu erhöhen, Wachsmalstifte geschmolzen oder in die Flammen gehalten und mit dem geschmolzenen Wachs gemalt werden. Auch ist es möglich, nur die „Schwarz-Weiß-Malerei“ auszuprobieren. Die Kinder werden gebeten, Streichhölzer kurz anzubrennen bis schwarzer Ruß entsteht. Mit dieser gewonnenen schwarzen Farbe können sie nun auf einem weißen Blatt ihr Kunstwerk beginnen.

*Anmerkung:* Oftmals haben Kerzen oder Wachsmalstifte Kunststoff- und Chemieanteile, die bei Entzünden übel riechen und vielleicht ungesund sind. Also entweder möglichst nur schadstofffreie Kerzen und Wachsmalkreiden benutzen und die Fenster öffnen. Für Kinder ist der Schmelzprozess des Feuers äußerst interessant. Schmelzprozesse können auch weiter beim Töpfern oder Glasschmelzen im Schmelzofen (Töpferwerkstatt, Schmelzofen-Werkraum etc.) beobachtet werden. Die Verwandlungskraft des Feuers wird für die Kinder anschaulich und erlebbar.

**Feuerkraft**

*Stockbrot, Äpfel, Kartoffeln …*
Die Kinder werden eingeladen, sich im Feuer eine kleine Mahlzeit zuzubereiten. Die Feuerstelle muss überschaubar und gut abgesichert sein, ein Wassereimer sollte in der Nähe griffbereit stehen!
Unter Beobachtung und mit Hilfe der Kinder haben die Erwachsenen ein Feuer angezündet. Gewaschene Kartoffeln und Äpfel können in der Feuerglut gegart oder aber Stockbrot gebacken werden.

*Rezept für Stockbrot:* 400g Weizen- oder Vollkornweizenmehl, ½ TL Meersalz, 1 Würfel frische Hefe, 0,2l lauwarmes Wasser oder Milch, 1 TL Honig, 3 EL Olivenöl

Gemahlenes Mehl mit Salz mischen, in eine Schüssel geben oder auf den Tisch schütten. In eine Vertiefung wird die Hefe gebröckelt, Honig, lauwarme Milch (Wasser), und Öl hinzugefügt. Alles gut durchmischen, kneten. An einem zimmerwarmen Ort (mit einem Tuch be-

deckt) etwa 10 Minuten ruhen lassen, nochmals durchkneten und ggf. noch einmal an einem warmen Ort ohne Luftzug „gehen“ lassen (evtl. Backofen – geringste Stufe).
Zum Stockbrot-Backen werden die Kinder aufgefordert, Stöcke zu sammeln. Portionsweise können sie dann Hefeteig um das Ende des Stockes wickeln und so in die Glut halten. Sie werden aufgefordert, sehr auf ihr Stockbrot zu achten, dass es gut gar wird, aber nicht verbrennt (verbrannte, dunkle Stellen sollen nicht gegessen werden).

**Feuer-Forscher**

Je 3–4 Kinder sitzen um eine Kerze (ein Teelicht) und schauen sich zunächst unter Aufsicht eines Erwachsenen die Flamme an.

- Unter Aufsicht und mit Vorsicht dürfen sie jetzt einmal ihre Hand hoch über die Kerze halten und überprüfen, wie weit die Wärme reicht.
- Anschließend kann jedes Kind, welches sich traut, einmal mit dem Finger ganz schnell durch die Flamme fahren.
- Frage: Atmet ein Feuer? Die Kinder werden gebeten zu raten, was passiert, wenn der Kerze, wie auch dem Menschen, die Luft genommen wird. Mit einem umgestülpten Wasserglas dürfen sie jetzt den Versuch machen, die Kerze „einzusperren“, ihr keine frische Luft mehr zu geben.
- Feuerwerk: Jedes Kind darf einmal mit einem Pfeffersteuer ein wenig Pfeffer in die Flamme streuen und so ein kleines „Feuerwerk“ entfachen.
- Zauberfeuer: Eine Streichholzspitze wird in Wachs getaucht und etwa 2–3 cm über die Flamme gehalten – die Kinder sollen schauen, was passiert.

Alle Feuerforscher-Experimente sollen den Kindern die Faszination und Kraft des Feuers vermitteln. Sie sollen erleben wie Feuer funktioniert, sie sollen behutsam lernen, mit Feuer umzugehen und die Energie und Kraft nutzen und schätzen lernen.

**Lagerfeuer**

Für ein Lagerfeuer suchen die Kinder und Erwachsenen trockenes Holz und brennbare Materialien, die keine giftigen Gase abgeben. Den Kindern muss immer wieder der vorsichtige Umgang mit Feuer vermittelt werden, d.h. die Faszination und Gefahr, die vom Feuer ausgeht, müssen den Kindern deutlich werden. Kinder dürfen nur gemeinsam mit einem Erwachsenen an dafür ausgewiesenen Orten Feuer machen.

**Feuertanz**

In der Dunkelheit können sich alle um ein Lagerfeuer im Kreis versammeln und einen Feuertanz aufführen. Der Reihe nach kann jeder eine „Feuer-Flacker-Bewegung" vormachen, die dann alle nachmachen. Es können auch Geräusche und Töne dazu erklingen.

*Variante:* Lied „Atte katte nuwa". Das Lied kann sehr gut als Feuertanz-Lied ausgewählt werden. Dazu fassen sich alle um die Schulter und gehen zunächst nach links (immer linken Fuß vor den rechten setzen). Sie singen dabei „Atte katte nuwa …". Am Ende der Textzeile wird mit beiden Füßen auf der Stelle „getrampelt", danach die Richtung gewechselt, d.h., es geht nach rechts (immer rechten Fuß vor den linken setzen). Vorher können sich alle noch wie „Feuergeister" mit schwarzer und roter Schminke anmalen oder wie „Feuerkinder" verkleiden.

## Gedichte und Geschichten

**Das Feuer**

Hörst du, wie die Flammen flüstern,
knicken, knacken, krachen, knistern,
wie das Feuer rauscht und saust,
brodelt, brutzelt, brennt und braust?

Siehst du wie die Flammen lecken,
züngeln und die Zunge blecken,

wie das Feuer tanzt und zuckt,
trockne Hölzer schlingt und schluckt?

Riechst du, wie die Flammen rauchen,
brenzlig, brutzlig, brandig schmauchen,
wie das Feuer tanzt und zuckt,
trockne Hölzer schlingt und schluckt?

Riechst du, wie die Flammen rauchen,
brenzlig, brutzlig, brandig schmauchen,
wie das Feuer, rot und schwarz,
duftet, schmeckt nach Pech und Harz?

Fühlst du, wie die Flammen schwärmen,
Glut aushauchen, wohlig wärmen,
wie das Feuer, flackrig-wild,
dich in warme Wellen hüllt?

Hörst du, wie es leiser knackt?
Siehst du, wie es matter flackt?
Riechst du, wie der Rauch verzieht?
Fühlst du wie die Wärme flieht?

Kleiner wird der Feuersbraus:
Ein letztes Knistern,
ein feines Flüstern,
ein schwaches Züngeln,
ein dünnes Ringeln –
aus.
*James Krüss*

**Das Lied von der Glocke**

Wohltätig ist des Feuers Macht,
wenn sie der Mensch bezähmt, bewacht,
und was er bildet, was er schafft,
das dankt er dieser Himmelskraft;
doch furchtbar wird die Himmelskraft,
wenn sie der Fessel sich entrafft,
einher tritt auf der eignen Spur,
die freie Tochter der Natur.
Wehe, wenn sie losgelassen,
wachsend ohne Widerstand,
durch die volkbelebten Gassen
wälzt den ungeheuren Brand!
Denn die Elemente hassen
das Gebild der Menschenhand.
*Friedrich Schiller*

**Mensch und Feuer**

Mit Feuer schmilzt der Mensch das Eisen.
Die Dampflok ließ ihn schneller reisen.
Aus Ton brennt Feuer ihm die Tassen.
Manch Arbeit müsst er liegen lassen,
hätt er nicht einst mit Blitzes Macht
das erste Feuer angefacht.
Auch Licht und Wärme schenkt das Feuer,
doch wird es schnell zum Ungeheuer,
verbrennt den Wald, zerstört das Haus.
Drum Vorsicht: Lagerfeuer aus!

**Das Zündeln**

Einmal hat der Frieder eine Streichholzschachtel geholt, ganz mit Streichhölzern gefüllt. Da hat er ein Streichholz genommen und hat mit dem Streichholz über die raue, braune Zündfläche gestrichen, ganz leicht und sanft, fast ohne die Reibefläche zu berühren.

Dann hat er beim Streichen fester zugedrückt. Da hat's gezischt und gefaucht, und ein stinkiger Dampf ist ihm in die Nase gestiegen. Eine reine, wütende Flamme ist aus dem Streichholz herausgefahren und hat es in helle Glut getaucht und das Gesicht und die Hände vom Frieder dazu.

Der Frieder ist zuerst erschrocken zusammengezuckt und hat das brennende Streichholz fast fallen lassen. Aber dann hat er's doch in der Hand behalten und hat zugeschaut, wie die Flamme ruhig und still brennt. Das Feuer ist ganz nach unten zum Streichholzende heruntergekrochen, und oben ist nur noch ein glühender und dann schwarzer, aber immer noch heißer Stumpf gewesen. Das Feuer ist unten am Streichholzende angekommen, ist zu den Fingerspitzen vom Frieder gekrochen und hat wehgetan.

Da hat der Frieder gepustet und gewedelt. Das Feuer ist ausgegangen, und der Frieder hat das ausgebrannte Streichholz zu Boden geworfen und hat aufgepasst, dass es nicht weiterbrennt.

Dann hat der Frieder schnell ein zweites Streichholz aus der Schachtel gezogen und wieder angezündet und sich alles genau angesehen und das Streichholz niedergebrannt und das ausgebrannte Streichholz zu dem anderen ausgebrannten auf den Boden geworfen. So hat er es mit allen Streichhölzern im Schächtelchen gemacht.

Warum er das getan hat, hat der Frieder selbst nicht gewusst. Nur, dass es so schön geleuchtet und so gefährlich gezischt und dass ihm ein heimliches Gruseln über den Rücken gelaufen ist beim Zündeln, das hat er gewusst.

Vielleicht hat er's darum getan, das Zündeln.

# Wasser

Das Element Wasser umgibt uns ein Leben lang. Schon vor der Geburt sind wir von der Urflüssigkeit umgeben, sie ist in uns und um uns, gibt uns Schutz und Lebenskraft. Wasser ist das Symbol für Lebendigkeit, der Gegenpol zum Erstarrten, Statischen. Das Fließende, Wandelnde und Verwandelnde ist das Geheimnisvolle am Wasser, es lässt uns staunen, was Wasser alles kann. Die Kraft des Wassers, sich selbst zu verwandeln, sich uns in unterschiedlichen Zuständen zu präsentieren, ist faszinierend. Wir können die Quelle betrachten, das mit Kraft aus der Erde sprudelnde Wasser, was sich seinen Weg sucht und auf diesem Weg Lebewesen, Pflanzen und Tiere mit sich nimmt und ihnen Lebensraum und Nahrung gibt. Es spült die Erde aus, nimmt Stoffe auf und läuft zurück. Unter Einfluss von Sonne und Wind kann Wasser verdunsten, es kann zum Himmel aufsteigen, Wolken bilden, die als Regentropfen zur Erde zurückkommen. Der faszinierende Wasserkreislauf – Wasserverdunstung, Wasserkondensierung, Wolkenbildung, Niederschlag, der uns in der intensiven Analyse erstaunen lässt, verdeutlicht uns schon bei einfacher Betrachtung die Verwandlungskraft des Wassers. Wasser war von jeher an allen Lebensprozessen beteiligt, es ist und war Urstrom des Lebens und somit ist es im Großen und Kleinen Sinnbild des Lebens. Wasser durchdringt alles, bildet alles, es durchströmt die Erde wie Blut den Menschen. Die Flüsse schlängeln sich durchs Land, bringen Leben. Dort wo Wasser stillsteht, kann das Wasser „faulen", umkippen und so dem Menschen, dem Leben schaden. Wasser ist Ursymbol des Lebendigen und des „In-Bewegung-Seins". Selbst gegen das Starre, gegen Felsmauern entwickelt das Wasser Kräfte der Formung, das Wasser schafft es, über unendliche Zeiten, starre Felsen auszuhöhlen, zu formen.

Die Kostbarkeit des Wassers als Lebensgrundlage kann der Mensch auf vielfältige Weise erleben. Seine Nahrung wird bestimmt durch das Wasser, er trinkt Wasser und bereitet seine Nahrung damit zu. Er erfrischt sich, wäscht sich, spürt Wasser den eigenen Körper herabrinnen, die erfrischende, reinigende und klärende Kraft des Wassers ist am ganzen Körper zu spüren. Auch kann der Mensch sich im Wasser und auf dem Wasser bewegen, er kann sich schwimmend vorwärts bewegen oder sich vom Wasser tragen lassen. Wasser kann den Menschen in kalter Form abkühlen, erfrischend beleben aber auch erwärmen, durchwärmen und entspannen. Die Heil-Kraft des Wassers kann im und am Körper durchdringend gespürt und erlebt werden. Der Blick auf das Wasser kann beruhigend wirken, quälende Gedanke können mit dem Lauf des Wassers fließend fortgeschickt werden. Die sprudelnde Kraft des Wassers, das Hin und Her der Wellen am Meer können das Bewusstsein klären, neue Gedanken und Ideen entstehen lassen. Die Melodie des Wassers, die uns in ihrer Vielfalt erreicht,

das Spiel der Regentropfen, das Plätschern und Rauschen der Bäche und Flüsse, das Toben des Meeres – das Wasserkonzert berührt den Menschen, wo immer er sich diesem Naturgeschenk gegenüber aufmerksam öffnet. Wasser fordert zur inneren und äußeren Berührung auf.

**Umweltkommunikation: Fragen zum Gespräch**
Was ist Wasser?
Wozu brauchen wir Wasser?
Wo kommt das Wasser her, wo fließt es hin?
Warum gibt es süßes und salziges Wasser?
Wie kommt der Regen in die Wolken?
Welche Farbe hat das Wasser und wie fühlt es sich an?

*Ziel:* Das Wasser als Ursubstanz und Quelle des Lebens soll bewusst wahrgenommen werden.

## Spiele und Übungen

**Wasser-Lauf**

Alle im Kreis Sitzenden erhalten ein leeres Wasserglas oder einen Jogurtbecher, nur ein Gefäß ist 3/4 mit Wasser gefüllt. Ein Mitspieler dreht sich mit geschlossenen Augen einige Male um die eigene Achse und setzt sich „blind" in die Kreismitte. Mucksmäuschenstill beginnt jetzt das Wasser zu fließen, es wird von Glas zu Glas gegossen, rechts oder links herum, hin und her. Der Spieler in der Mitte muss durch aufmerksames Lauschen hören, wo das Wasser z. Zt. fließt, und mit der Hand auf die entsprechende Stelle zeigen. Ist die Vermutung richtig, werden die Positionen getauscht und ein neuer „Wasser-Lauf" beginnt.

*Anmerkung:* Je nach Gruppen-, Raumgröße und Alter der Mitspieler muss die Größe des Kreises gewählt werden. Es soll weder zu einfach noch zu schwer sein, dem Wassergeräusch zu folgen, es geht um das aufmerksame Horchen.

**Arabische Wasserträgerin**

Den Kindern wird von den Frauen aus fernen Ländern erzählt (ggf. werden Bilder gezeigt), die das Wasser in Tonkrügen von der Wasserstelle holen und auf dem Kopf balancieren.
Zunächst wird eine „Wasserstelle“ markiert, mit einem Wollfaden ein Weg gelegt und die Kinder können erst mit einem einfachen „trockenen“ Gegenstand wie Lineal, Stift, Bierdeckel, leerer Jogurtbecher etc., den Weg zur Wasserstelle erproben. Im 2. Durchgang können sie sich dann an der Wasserstelle ein wenig – und dann immer mehr – Wasser geben lassen und sich als arabische Wasserträgerin versuchen.

*Anmerkung:* Günstig ist es, dieses Spiel möglichst im Freien an heißen Tagen zu spielen oder dort, wo es keinen Stress (Kleidung, Fußboden etc.) verursacht, wenn es kleine Wasserunfälle gibt.
Der vorsichtige Umgang mit dem Wasser soll geübt werden können, es soll deutlich werden, dass früher und heute in fernen Ländern das Wasser nicht immer einfach und überall aus den Wasserhähnen kam und kommt.

**Wasser-Lieder**

Die Kinder werden gebeten, sich einmal Gedanken zu machen, welche Geräusche das Wasser macht, wie Wasser klingt, welche Töne es von sich gibt. Sie sollen alles nennen, alle Klänge und Geräusche, die ihnen einfallen.
Anschließend soll ein Kind einen Schluck Wasser in den Mund nehmen und ein Lied „vorgurgeln“, die anderen werden aufgefordert, das Lied zu erraten, Rollentausch.

## Wasserkonzert

Alle Kinder werden gebeten, ein „Instrument" auszuwählen, mit dem man Wassergeräusche imitieren oder passend begleiten kann. Mit den Alltagsmaterialien, wie z. B. Schneebesen, Töpfe, Besteck, Becher, Gläser etc., können passende Lieder begleitet oder ein Konzert gegeben werden. Dabei kann auch ein Dirigent durch Handzeichen bestimmen, wer spielt und zusammen spielen soll.

*Variante „Klang-Teppich":* Auf dem Boden werden soviel DIN A4-Blätter ausgelegt, wie Orchestermitglieder im Raum sind. Es kann auch mit Kreide ein Klang-Teppich aufgemalt werden. Ein Dirigent wird bestimmt, dieser geht aus dem Raum, während die „Rollen" im Orchester vergeben werden.
Jetzt wird jedes Blatt (Quadrat) einem Kind zugeordnet, d. h. jedes Kind muss sich *sein* Blatt merken und bei „Berührung vom Dirigenten" losspielen.
Der Dirigent wird hereingebeten, er darf sich jetzt auf dem Klangteppich bewegen, die Flächen berühren. Alle müssen aufmerksam schauen und wenn „ihr" Feld berührt wird, dürfen sie spielen.
Das Spielen und Nachahmen von Wassergeräuschen soll die Freude an der Vielfältigkeit des Elementes und das Zusammenspiel, das Zusammenhangsdenken fördern.

## Wasser-Geschichten

Die Kinder werden gebeten, sich eine Wasser-Geschichte auszudenken, sich einmal zu überlegen, was das Wasser sagen würde, wenn es in Worten zu den Menschen sprechen könnte. Dabei können Anregungen gegeben werden wie z. B.:

- Was würde der Bach erzählen, der nicht mehr krumm, sondern nur noch ordentlich gerade fließen darf?
- Das Wasser spiegelt uns, die Wassergeister kommen vom Abgrund des Sees, was erzählen sie uns?
- Als das Wasser keine Lust mehr hatte zu fließen …

- Das Wasser beschwert sich bei den Menschen, die es einfach schmutzig machen.

Die Wassergeschichten können als „Flaschenpost“ versendet werden: Die Kinder schreiben ihre Geschichte, rollen sie auf, stecken sie in eine Flasche und verkorken diese. Ist ein Gewässer in der Nähe, kann die Flaschenpost zum Spiel ins Wasser gelegt und entsprechend eine andere herausgefischt werden. Es kann auch im Raum eine Decke oder Folie symbolisch als See ausgebreitet werden. So können sich die Kinder die Flaschenpost angeln, sie durchlesen und einen Kommentar, eine Antwort dazu schreiben, so dass am Ende jeder wieder seine „Wassergeschichte“ mit vielen Ergänzungen erhält.

**Wasser-Buch** Die Kinder werden eingeladen, ein „Wasserbuch“ zu gestalten. Dazu können sie aus Pappe eine Sammelmappe basteln oder sie wählen einen Schnellhefter. Zunächst wird ein Wassertitelbild gestaltet. So können sie dann alles, was mit dem Thema Wasser zu tun hat, sammeln – aus Zeitschriften Wasserbilder ausschneiden, ihre gemalten Wasserbilder, -geschichten und -gedichte sammeln, alle Informationen, die sie zum Wasser sehen, können sie so in ihrem „Wasser-Buch“ ordnen, anderen zeigen und als Schätze hüten.

**Wasser-Orgel** Beliebig viele Flaschen (möglichst gleiche) werden unterschiedlich hoch mit Wasser gefüllt. Die Kinder werden gebeten, leicht über die Öffnung hinwegzublasen und den unterschiedlichen Tönen zu lauschen. Die Flaschen können dann wie eine Tonleiter der Reihe nach (hoch-tief) geordnet werden. Es kann versucht werden, ein Lied zu spielen. Oder aber es gibt ein Ton-Ratespiel: Ein Kind dreht sich um, eines bläst einen Ton auf einer der in einer Reihe aufgestellten Flaschen, der dann erraten werden muss (z. B. 4. Flasche).

**Wasserforscher**

Die Kinder werden eingeladen, „Wasserforscher zu werden" und zu erkunden, was das Wasser alles kann und vielleicht sogar herauszubekommen, warum das Wasser „das" kann:

- *Wasserpressen:* Folgende Gegenstände sollen ins Wasser gelegt werden: ein Küchenschwamm, ein Stück Holz, ein Legostein, ein Stück Ton, ein Tuch, ein Badeschwamm, ein Papierknäuel, usw.
  Aus welchen dieser Gegenstände könnt ihr das Wasser wieder herauspressen?
  Fallen euch noch mehr Dinge ein, mit denen das durchgeführt werden könnte?
- *Tropfen:* Versucht einmal, mit verschiedenen Gegenständen aus einem Gefäß voll Wasser Tropfen herauszuholen. Nehmt dazu z. B. einen Finger, einen Bleistift, eine Spritze, einen Strohhalm … Fallen euch noch mehr Gegenstände ein? Probiert sie aus.
  Welche Methode ist die beste?

- *Welche Form hat ein Tropfen?* Setzt Wassertropfen auf verschiedene Materialien, wie zum Beispiel ein Netz, Seide, Holz, Folie, Papier, harte Pappe, Butterbrotpapier, Löschpapier …
  Welche Form haben die Tropfen? Unterscheiden sie sich voneinander? Verändern sie sich nach einer Weile?
  Setzt einen Tropfen auf bedrucktes Zeitungspapier. Was passiert mit der Schrift?
  Was passiert, wenn Sonnenlicht auf Wassertropfen scheint?
- *Wassersorten schmecken:* Im Alltag ist man mit vielen Sorten Wasser konfrontiert (Leitungswasser, abgekochtes Wasser, destilliertes Wasser, Sprudelwasser …)
  Rate, welches Wasser du gerade probierst.
  Kann man die Unterschiede des Wassers schmecken?
- *Lösen von Zucker und Salz:* Mischt kaltes Wasser mit Salz und ein anderes Wasser mit Zucker. Probiert und vergleicht die beiden Sorten Wasser.
  Wie schmeckt Wasser, wenn ihr einen Teelöffel, einen Esslöffel, zwei Esslöffel usw. hinzufügt?
- *Verbindung zwischen Seh- und Geschmackssinn:* Nehmt drei Tassen Wasser und tropft verschiedenfarbige Lebensmittelfarbe hinein. Kann man Farben schmecken?
  Schmeckt ihr einen Unterschied zwischen dem roten und dem blauen Wasser?
- *Trocken und nass:* Sucht euch verschiedene Gegenstände und Materialien (z. B. Federn, Tonklumpen, Nylontücher, Fensterleder, Seife, Fell, Wolle, Schwämme, Pappe, Papiertücher, Muscheln …). Wichtig dabei ist, dass ihr von jedem Gegenstand zwei habt.
  Legt einen der beiden Gegenstände für kurze Zeit ins Wasser. Legt ihn neben den trockenen und vergleicht sie sorgfältig miteinander. Hat sich die Farbe/Form/Größe/Oberfläche verändert? Was fällt sonst auf. Wie fühlen sie sich an?

Sucht euch einige interessante Gegenstände aus, von denen ihr Eigenschaftsblätter anfertigt. Malt den Gegenstand in die Mitte und sammelt auf der einen Seite alle Nass- und auf der anderen Seite alle Trockenwörter.

- *Schwimmen und sinken:* Didaktischer Hinweis: Die Kinder sollen durch Ausprobieren mit verschiedenen Gegenständen überlegen, warum manche Dinge schwimmen und andere einfach untergehen. Hier könnte man eine gute Überleitung schaffen zu dem Thema „Boote und Schiffe“ – warum sie schwimmen und wie sie funktionieren.

  Was schwimmt? Stellt eine große Schüssel mit Wasser bereit. Nun sucht überall im Raum Gegenstände, mit denen ihr ausprobieren könnte, ob sie schwimmen oder nicht schwimmen, z. B. Radiergummi, Bleistift, Geldstücke, Löffel, Korken, verschiedene Bälle, Metallringe, Flaschenverschlüsse …

  Macht auch kleine Experimente, indem ihr ein Material, z. B. Alufolie, in verschiedenen Formen untersucht. Ihr könnt sie z. B.

zusammenknüllen oder ein kleines Boot daraus bauen. Gibt es Unterschiede?

- *Wasserleitungen/Wasserlauf:* Fantastisches Leitungssystem: Denkt euch ausgefallene Wege aus, wie Wasser fließen soll. Konstruiert aus vielen Plastikbehältern, Schläuchen, Flaschen und Trichtern ein Wasserleitungsnetz.
  Wichtig ist, dass ihr die Schläuche und Behälter verbindet, dass ihr sie mit festem Klebeband abdichtet. Wenn ihr das gesamte Leitungsnetz fertig habt, lasst Wasser in das Netz laufen. Kommt das Wasser bis zum Ende durch? Wenn nicht, müsst ihr die Leitungen verändern. Ihr könnt es immer wieder verändern. Beobachtet genau, wie sich das Wasser in den Schläuchen und Behältern verhält. Könnt ihr etwas feststellen?
- *Bacherkundung:* In den ökologischen Systemen wie Bächen, Flüssen und Seen gilt es Rücksicht zu nehmen auf die empfindlichen Wechselbeziehungen zwischen den Bestandteilen des Lebensraumes „Wasser“. Die folgende Auswahl von Spielen beschreibt Erkundungsmöglichkeiten des Elementes Wasser.
  *Bau eines Käschers:* Benötigte Gegenstände: ein alter Drahtkleiderbügel, die Füße einer alten Strumpfhose ohne Löcher, Kordel, dünner Draht, ein Bambusstab. So geht es: Der Kleiderbügel wird zu einem Ring geformt, daran wir der Fuß der Strumpfhose mit Kordel oder Draht befestigt. Das überstehende Ende des Kleiderbügels wird mit Draht am Bambusstab festgebunden.
  *Erkundungsort:* nicht zu tiefer Bach. Ihr sollt nun im Bach, unter Steinen, im Schlamm oder an Wasserpflanzen vorsichtig nach Bachtieren suchen. Die gefangenen Tiere schüttet ihr behutsam in ein mit Wasser gefülltes Gefäß. Mit Hilfe eines Erwachsenen und evtl. von Bestimmungskärtchen oder Lexika könnt ihr die Namen der Tiere herausfinden. DieTiere werden anschließend in ihrem natürlichen Lebensraum wieder freigelassen.

*Bau einer Unterwasserlupe:* Benötigte Gegenstände: Blechdose, Klarsichtfolie, Dosenöffner, Gummi. So geht das: Von einer Blechdose entfernt ihr Boden und Deckel. Über eine der Öffnungen wird klare Folie mit einer Schnur wasserdicht festgebunden. Hält man die Dose senkrecht ins Wasser, wölbt sich die Folie durch den Wasserdruck nach innen. Sie wirkt jetzt wie die Linse einer Lupe.

## Geschichten und Gedichte

### Der große Bär

Vor langen, langen Jahren war einmal eine große Trockenheit auf Erden: Alle Flüsse, Bäche und Brunnen waren versiegt, alle Bäume, Sträucher und Gräser vertrocknet, und alle Menschen und Tiere kamen vor Durst um. Da ging eines Nachts ein kleines Mädchen von daheim fort mit einem Krug in der Hand, um Wasser für die kranke Mutter zu suchen. Das Mädchen fand nirgends Wasser und legte sich vor Müdigkeit im Feld auf das Gras und schlief ein. Als es erwachte und nach dem Krug griff, hätte es beinahe das Wasser verschüttet. Er war nämlich voll frischen, klaren Wassers. Das Mädchen freute sich und wollte trinken, aber da fiel ihm ein, dass es dann für die Mutter nicht reichen würde, und es lief mit dem Krug nach Hause. Es hatte es damit so eilig, dass es gar nicht ein Hündchen vor seinen Füßen bemerkte, stolperte und den Krug fallen ließ. Das Hündchen winselte kläglich. Das Mädchen langte nach dem Krug. Es dachte, nun habe es das Wasser verschüttet. Aber nein! Der Krug stand aufrecht auf dem Boden, und nicht ein Tropfen fehlte. Da goss sich das Mädchen ein wenig Wasser in die hohle Hand, und das Hündchen leckte es auf und wurde wieder ganz lustig. Das Mädchen aber langte wieder nach dem Krug, und siehe: Da war er nicht mehr aus Holz, sondern aus purem Silber. Das Mädchen lief mit dem Krug nach Hause und gab ihn der Mutter. Die aber sprach: „Ich muss ja ohnehin sterben, trink du lieber das Wasser!“ Und sie gab den Krug dem Mädchen. Im sel-

ben Augenblick aber verwandelte sich der silberne Krug in einen goldenen. Da konnte das Mädchen nicht länger widerstehen und wollte den Krug an seine Lippen setzen, als ein Wanderer ins Zimmer trat und um einen Schluck Wasser bat. Das Mädchen schluckte den Speichel hinunter und reichte dem Wanderer den Krug. Und da: Plötzlich erschienen auf dem Krug sieben große Diamanten, und aus jedem floss ein großer Strahl frischen, klaren Wassers. Die sieben Diamanten stiegen höher und stiegen zum Himmel empor und wurden der große Bär.
*Leo Tolstoi*

**Gesang der Geister über den Wassern**

Des Menschen Seele
gleicht dem Wasser:
Vom Himmel kommt es,
zum Himmel steigt es,
und wieder nieder
zur Erde muss es.
Ewig wechselnd.

Strömt von der hohen,
steilen Felswand
der reine Strahl,
dann stäubt er lieblich
in Wolkenwellen
zum glatten Fels,
und leicht empfangen
wallt er verschleiernd,
leisrauschend
zur Tiefe nieder.

Ragen Klippen
dem Sturz entgegen,
schäumt er unmutig
stufenweise
zum Abgrund.

Im flachen Bette
schleicht er das Wiesental hin,
und in der glatten See
weiden ihr Antlitz
alle Gestirne.

Wind ist der Welle
lieblicher Buhler;
Wind mischt vom Grund aus
schäumende Wogen.

Seele des Menschen,
wie gleichst du dem Wasser!
Schicksal des Menschen,
wie gleichst du dem Wind!
*J. W. von Goethe*

## Das Wasser

Vom Himmel fällt der Regen
und macht die Erde nass,
die Steine auf den Wegen,
die Blumen und das Gras.

Die Sonne macht die Runde
in altgewohntem Lauf
und saugt mit ihrem Munde
das Wasser wieder auf.

Das Wasser steigt zum Himmel
und wallt dort hin und her.
da gibt es ein Gewimmel
von Wolken, grau und schwer.

Die Wolken werden nasser
und brechen auseinand',
und wieder fällt das Wasser
als Regen auf das Land.

Der Regen fällt ins Freie,
und wieder saugt das Licht,
die Wolke wächst aufs neue,
bis das sie wieder bricht.

So geht des Wassers Weise:
es fällt, es steigt, es sinkt
in ewig gleichem Kreise,
und alles, alles trinkt!
*James Krüss*

## Draußen

Wenn es regnet, nieselt wie heut,
geh auf die Straße, nimm dir die Zeit
und sieh dir dieses Schauspiel an:
Die Tropfen spielen Drahtseilbahn!

Da haben sie – soeben jetzt –
die Oberleitung voll besetzt
und hängen brav in Reih und Glied.
Nun pass mal auf, was hier geschieht:

Der erste Wassertropfen rinnt.
Der zweite, der sich noch besinnt,
wird von dem dritten aufgeschluckt.
Der vierte zuckelt nur und ruckt,

der fünfte gibt ihm einen Stoß,
da reißt er sich vom Kabel los
und springt herab mit einem Satz:
Schon hüpft der nächste auf den Platz,
und alles fängt von vorne an:
Die Tropfen spielen Drahtseilbahn.
*Rosemarie Neie*

## Luft

Die Luft ist die zarte unsichtbare Hülle der Erde. Wir sollten mit ihr sorgsam und achtsam umgehen. Luft umgibt uns überall, sie gibt uns, was wir zum Leben brauchen.
Luft ist unsichtbar, wir können sie meistens nicht riechen, fühlen oder schmecken, wir können sie nicht richtig einfangen – und dennoch ist sie immer da. Sie gehört zu unseren Lebensgrundlagen, ohne Luft kein Leben.
Luft als Lebensatem begleitet uns durch die Zeit, der erste und letzte Atemzug bezeichnen Anfang und Ende des Lebens. Schon im Schöpfungsbericht der Bibel taucht die Luft als Symbol des Lebens, aber auch als „Geist Gottes“ auf. Gott haucht dem Menschen den Lebensatem (Gen 2,7), den Odem, die Fähigkeit und Kraft zum Leben ein.
Wird es dem Menschen im Leben zu eng, fühlt er sich physisch oder psychisch eingeengt, benutzt er heute häufig Worte wie „Mir fehlt die Luft zum Atmen“, „Da blieb mir aber die Luft weg“, „Ich hatte keine Puste mehr …“. Luft ist lebensnotwendiges Elixier, ohne Luft kann es der Mensch nur sehr kurze Zeit aushalten.

Luft bedeutet vielfach auch Freiheit, uralt ist der Sehnsuchtstraum der Menschen zu fliegen, und wie die Vögel und Wolken der Erdenschwere zu entfliehen und dahin zu schweben. Sich die Luft zu Nutze machen, sich von der Luft tragen lassen, sich leicht fühlen – Luftschlösser bauen, eine Faszination, die von der Luft ausgeht. Ballone schweben dahin, Fahrrad- und Autoreifen, Luftmatratzen und Wasserboote tragen uns, federn uns ab, schützen uns vor Härte. Flugzeuge lassen uns durch die Luft schweben, befördern uns, geben uns das Gefühl, von der Luft getragen zu werden. Windmühlen der alten und neuen Art verweisen auf die Kraft, die Wind- und Energiekraft, die uns die Luft durch Bewegung geben kann. Der Mensch nutzt die Luft, Windkraft, zur besseren Lebensgestaltung. Der Wind bläst in die Segel, Schiffe können sich mit Hilfe der Luftkraft bewegen. Die elementare Kraft der Luft wird im starken Sog des Windes, eines Sturmes, deutlich spürbar. Die Luft verteilt und verbreitet, die Winde nehmen den Staub und die Gerüche auf, wirbeln auf und verteilen. Der Duft macht sich durch die mit unterschiedlichen Partikeln angereicherte Luft bemerkbar. So können wir sicher Sommerluft von Winterluft unterscheiden, Stadtluft von Landluft.

Dennoch lässt sich dieser Luft-Duft schwer einfangen. Wir riechen, spüren die Luft im erlebten Zusammenhang, oftmals mit mehreren Sinnen gleichzeitig, reden von „guter Luft“, ohne differenziert benennen zu können, was diese gute Luft ausmacht. Wollen wir die Luft chemisch bestimmen, so sprechen wir von einem Gasgemisch aus Sauerstoff (21% incl. Kohlendioxid und Edelgase) und Stickstoff (78%). Menschen benötigen den Sauerstoff, den sie einatmen, für die Verbrennung der Nahrung, sie atmen Kohlendioxid wieder aus, welches von den Pflanzen aufgenommen und mit Hilfe des Sonnenlichts wieder in Sauerstoff verwandelt und an die Luft abgegeben wird. Ein Kreislauf der Natur, der uns das „Geben und

Nehmen" im gesunden System zeigt. Selbst wenn wir die Bestandteile der Luft beschreiben können, so erfassen wir damit noch nicht, was Luft denn nun wirklich ist, was die besonderen Eigenschaften sind, was Luft so alles kann, was Luft in allen unterschiedlichen Qualitäten bewirkt. Woher kommt der Nebel, was ist Luftdruck, was ist Ozon, was ist Atmosphäre, wann wird aus dem Wind der Sturm, wann fühlt sich Luft und Wind angenehm an und warum? Viele luftige Fragen, die sich jeder stellen kann und die auch ein jeder für sich vielleicht anders beantwortet. Wichtig ist es, die Luft sauber zu halten, Bäume als „Luftfilter" zu schützen und zu erhalten, denn nicht nur Tiere und Pflanzen leiden oder sterben durch die Luftverschmutzung, nicht nur die Gebäude verfallen durch Verwitterung, der Mensch gerät zunehmend in „Not", in Atemnot, wenn der Luft die lebensspendende Kraft ausgeht.

**Umweltkommunikation: Fragen zum Gespräch**
Wozu ist die Luft da, wo kommt sie her und wo geht sie hin?
Wozu braucht der Mensch Luft?
Was kann die Luft, ist Luft leicht oder schwer?
Hat die Luft einen Geschmack?
Wann ist Luft schmutzig und wer macht sie sauber?

*Ziel:* Die Luft als Sauerstoffspender, als lebensnotwendiges Element – ohne Luft kein Leben – soll bewusst wahrgenommen werden.

## Spiele und Übungen

**Alle Vögel fliegen hoch**

Die Kinder sitzen im Kreis und klatschen rhythmisch mit beiden Händen auf die Oberschenkel. Reihum sagt dann jedes Kind den Satz: „Alle Vögel fliegen hoch", „Alle … Steine, Pinguine, Nasen … fliegen hoch". Wird das Wort „hoch" genannt, müssen bei einem Begriff, der ein fliegendes Lebewesen oder einen fliegenden Gegenstand beschreibt, alle die Arme hoch nehmen. Derjenige, der den Begriff nennt, muss immer zur Täuschung die Arme erheben.

*Anmerkung:* Auf Wunsch kann jeder fünf Murmeln (o.a.) bekommen, bei Fehlern muss dann eine Murmel abgegeben werden. Die Kinder sollen sich aber vorrangig auf eine spielerische Weise mit dem, was durch die Luft fliegen kann, beschäftigen.

**Luftpuppe**

Je zwei Kinder bilden Paare und rollen sich aus Papier eine Luftpumpe. Ein Kind kauert sich dann am Boden zusammen, macht sich ganz klein, ihm ist, wie einem Luftballon, die Luft ausgegangen. Das andere Kind beginnt jetzt, das Luftpuppen-Kind aufzublasen. Durch

das Papierrohr beginnt es zu pusten und die leblose Puppe vom Kopf über Hals, Schulter, Arme, Rücken, Po, Beine, Füße aufzupumpen. Ganz langsam wächst das „Luftpuppen-Kind“ in die Höhe, bis es dann aufgepumpt steht. Dann kann das pumpende Kind pantomimisch am Bauchnabel den „Stöpsel“ an der Luftpuppe lösen und mit einem leichten Zischen verliert die Luftpuppe ihre Luft wieder, sinkt langsam in die Ursprungshaltung zurück. Rollenwechsel.

**Luftkissen** Die Kinder werden eingeladen, sich Luftkissen zu basteln. Materialien wie unterschiedliche durchsichtige Folien und Tüten, Krepppapier und Watte in bunten Farben, Kleber, Malstifte und bunte Wollfäden sollen zur Verfügung stehen. So kann sich ein jedes Kind nach Wunsch und Luft ein „Luft-Kissen“ basteln. Alle Kissen können dann in einer Luftkissen-Ausstellung den anderen vorgestellt werden. Jedes Kind kann dann zu seinem Kissen eine kleine „Luftgeschichte“ erzählen.

**Sturm-Post**

An einem stürmischen Tag oder nach einem Orkan oder Sturm werden die Kinder gebeten, „Briefe an den Wind“ zu schreiben. Je nach Gruppe können 5 bis 10 Begriffe als Hilfe vorgegeben werden, die dann in der Sturm-Post vorkommen müssen, z. B. Böe, umgeknickter Baum, hohe Wellen, abgeknickter Mast, fliegende Blätter …

**Wolken-Bilder**

Wenn es die Möglichkeit gibt, sollen die Kinder direkt in der Natur (oder durch das Fenster) das Spiel der Wolken beobachten. Sie sollen die Veränderungen der Formen wahrnehmen und sich gegenseitig beschreiben, was sie sehen oder was sie sich in der Fantasie vorstellen.
Anschließend sollen sie „Wolken-Bilder“ malen und in einer kleinen Ausstellung ihre Bilder präsentieren. Am schönsten ist das Wolken-Beobachten an einem lauen Sommertag auf dem Rücken auf einer grünen Wiese liegend!

**Luftschlange**

Auf eine etwas festere Pappe wird eine möglichst große Spirale aufgezeichnet, in der Mitte erhält die Spirale ein Schlangengesicht. Der aufgemalten Linie entlang wird jetzt die Schlange ausgeschnitten und am Kopfende ein Bindfaden durchgezogen. Die Luftschlange kann noch bunt bemalt oder beklebt werden. Günstig ist es, sie über eine Heizung oder vor ein Fenster zu hängen, damit die durch den Luftzug entstehende Bewegung beobachtet werden kann.

**Windrädchen**

Ein quadratisches Stück Papier (oder Pappe) wird an allen vier Ecken bis etwa 2 cm vor dem Mittelpunkt eingeschnitten, die Ecken werden eingeknickt, zur Mitte gebogen und mit einer Heftzwecke in der Mitte an einem Stock locker befestigt. Nach Wunsch und Lust können die Windrädchen vorher bunt gestaltet, das Papier angemalt oder beklebt werden.
Schon im frühen Kindesalter bauen die Schüler Windmühlen, Windräder, Fallschirme oder Drachen und probieren sie aus. Sie kennen

keine physikalischen Gesetze und doch wissen sie, dass sie die Windmühle oder das Windrad für eine ganz schnelle Bewegung in eine bestimmte Richtung halten müssen, die mit der Windrichtung im Zusammenhang steht. Im Zimmer kann auch einmal der „Wind" von einem Föhn erzeugt werden und die Windstärke und die Windrichtung beobachtet werden.

**Fallschirm** Durch alle vier Ecken eines Papiertaschentuchs, eines Stück Stoffs oder einer Folie werden gleich lange Fäden gezogen, die dann durch eine Holzperle (einen Korken, eine Kastanie) gezogen und verknotet werden. Die so gebastelten kleinen oder größeren Fallschirme können im Flur (oder wo es die Umgebung erlaubt im Außengelände) in ihrer Flugfähigkeit erprobt werden.

**Wattepusten** Die Spieler/-innen sitzen so an einem Tisch, dass jeder einen etwa gleich großen Platz zu „verteidigen" hat. Die Hände liegen auf dem Rücken. In die Mitte wird ein Wattebausch geworfen. Nur durch kräftiges Pusten soll die Watte hin und her bewegt werden. Jeder ist darum bemüht, dass die Watte nicht auf den Boden fällt, zumindest nicht an seinem Platz, denn das gibt einen Minuspunkt. Bei längerer Spieldauer können die Punkte notiert werden.

*Bemerkung:* Bei Spielbeginn, gerade bei jüngeren Kindern, darauf hinweisen, dass sie auf ihre „Spucke" achten sollen, es darf nur gepustet werden und alle müssen auf den Stühlen sitzen bleiben. Wenn jemand seine Hand benutzt, gibt es einen Minuspunkt.

**Luftballonspiele** *Farbkreise:* Jeder Spielende erhält einen Ballon, bläst ihn auf und verknotet ihn. Zur Musik halten alle durch Tippen die Ballons in der Luft, so dass sie wild durcheinander fliegen. Bei Musikstopp schnappt sich jeder einen Ballon. Die Spieler/-innen mit derselben Ballonfarbe tref-

fen sich in einem kleinen Kreis. Haben alle ihren Farbkreis gefunden, wird die Musik erneut gestartet.
Von der Spielleitung kann eine weitere Aufgabe in den Kreis gegeben werden, z. B. sich gegenseitig vorstellen, begrüßen auf unterschiedlichste Weise, gemeinsam ein Lied singen, jeder nennt sein Lieblingsflugobjekt, Lieblingsgericht, seine Lieblingsblume etc. …

*Luftballontanz:* Jeder tippt zur Musik einen Ballon. Bei Musikstopp gibt die Spielleitung die neue Bewegungsvariante an, z. B.

- mit dem kleinen Finger tippen
- mit dem Ellenbogen tippen
- mit dem Kopf tippen
- mit dem Knie tippen
- mit dem Fuß tippen
- zu zweit zusammen gehen und nur noch einen Ballon zwischen die 4 Hände nehmen, viele Bewegungen zur Musik ausprobieren
- den Ballon zwischen die Köpfe nehmen und zur Musik tanzen
- den Ballon zwischen die Bäuche nehmen und versuchen sich so zu drehen, dass der Ballon einmal die Person umkreist.

Zum Ende wieder alle Ballons durcheinander zur Musik tippen.

*Schornsteine:* Bei Musikstopp werden Farbkreise gebildet. Die Spieler/-innen stellen sich im Kreis ganz eng aneinander, die Hände auf dem Rücken. Die Luftballons der Farbgruppe kommen in den so gebildeten „Schornstein“. Diesen Schornstein müssen die Mitspielenden zum Rauchen bringen, d. h. sie versuchen, ohne die Hände zu benutzen, die Luftballons über ihre Köpfe durch Körperbewegungen aus dem Kreis zu transportieren.

*Ballonträume:* Zum Abschluss der Luftballonspiele wird eine dünne Folie entfaltet, alle fassen den Rand an. Die Luftballons (und/oder

Japanbälle – diese fliegen besser) auf die Folie geben. Die Mitspielenden schwingen zur klassischen Musik vorsichtig (die Plane reißt leicht) die Folie und bewegen so die Ballons.
Die Spieler/-innen sind eingeladen, sich abwechselnd unter die Folie zu legen (ggf. vorher Wolldecke unterlegen). So können sie eine kurze Weile das beeindruckende Schauspiel der tanzenden Ballons von unten ansehen und dazu träumen.[15]

**Luftforscher**

Die Kinder werden eingeladen, sich über die „Luft" Gedanken zu machen und sich in Büchern alles interessante zur Luft anzuschauen, um Luft-Entdeckungen zu machen. Luft umgibt uns überall. Sie umhüllt die ganz Erde mit einer Schicht, die wir Atmosphäre nennen. Alles Lebendige braucht Luft um zu leben. Sie ist farb- und geruchslos, ein Gemisch aus verschiedenen Gasen (21% Sauerstoff, 78% Stickstoff, 1% Edelgase, Kohlendioxyd und Wasserdampf).
Wir können sie fühlen, wenn der Wind bläst. Ohne Luft wären wir auch nicht in der Lage zu hören, denn der Schall kann im luftleeren Raum nicht reisen.

Mit Luft gibt es einiges zu entdecken:
*Entdeckung 1:* Nehmt eine leere, kühle Flasche (aus dem Kühlschrank oder einer Kühltasche) und feuchtet ihren Rand mit zwei Tropfen Wasser an, verschließt die Öffnung mit einer Münze. Umfasst die Flasche mit euren Händen. Und nun noch ein bisschen Geduld, was passiert? Was könnt ihr entdecken?

*Entdeckung 2:* Nehmt zwei gleiche, dünne Papierblätter, zerknüllt ein Papierblatt. Lasst jetzt die beiden Papierblätter von oben (z. B. von einem Stuhl) auf den Fußboden fallen. Was könnt ihr entdecken?

---

[15] vgl. Wilken, 1999

*Entdeckung 3:* Faltet aus einem Blatt Papier einen Fächer und probiert einmal aus, was ein Fächer so alles kann, z. B. was ihr mit dem Fächer alles vom Tisch fächern könnt (Papierkugeln, Bleistiftspitzer, Streichholzschachtel, Füller, Löschblatt, Kreidestaub usw.)

*Entdeckung 4:* Haltet die Pappe vor euch her und lauft so eine Runde, knickt dann die Pappe in der Mitte und lauft noch einmal, gibt es einen Unterschied?

*Entdeckung 5:* Haltet eine leere Flasche waagerecht und legt ein kleines Papierkügelchen in die Flaschenöffnung. Versucht, die Kugel durch Pusten in die Flasche zu befördern. Was passiert?

*Entdeckung 6:* Zündet eine Kerze an und stülpt das kleine Glas darüber. Beobachtet, was passiert! Wiederholt den Vorgang mit dem mittleren und großen Glas. Was könnt ihr entdecken?

*Entdeckung 7:* Füllt in die Schale oder in den tiefen Teller Wasser, so dass der Boden bedeckt ist. Stellt das Teelicht in die Mitte der Schale und zündet die Kerze an. Nun stülpt das große Glas über die Kerze, was passiert?

Zum Ende der Luftforschungen können sich die Kinder alle ihre Erforschungen mitteilen, einen kleinen Luft-Bericht verfassen oder Luft-Bilder malen: Was die Luft so alles kann!

## Geschichten und Gedichte

**Wölkchen**

„Wölkchen, komm, du Wolkenzwerg!“,
sagt der alte graue Berg,
„Setz dich auf den kahlen Kopf

– und schon hab ich einen Schopf!
Setz dich, weißer Wolkenhase,
unter meine dicke Nase
– wunderbar! Nun hab ich gleich
einen Schnurrbart, weiß und weich.
Und jetzt setz dich unters Kinn,
dass ich eingemummelt bin.
Denn es zieht, und keinesfalls
möchte ich einen steifen Hals!"
Da sagt das Wölkchen:
„Glaub's dir schon, lieber Berg!"
Und fliegt davon.
*Hans Baumann*

**Der Wind**

Wind, du treibst viele Sachen.
Du trägst empor die Drachen.
Du wirbelst durcheinander gar
Die ganze große Vogelschar.
Wind stets vergnügt und niemals müd,
Wind, du singst alle Tag dein Lied.

Du hauchst mir in den Nacken –
O könnte ich dich packen!
Du bläst mir mitten ins Gesicht,
doch sehe ich den Schlingel nicht.
Wind, stets vergnügt und niemals müd,
Wind, du singst alle Tag dein Lied!

Wer bist du, Flinker, Kalter?
Ein Junger oder Alter?
Bist du ein Tier aus Wald und Flur?
Bist du ein wilder Junge nur?

Wind, stets vergnügt und niemals müd,
Wind, du singst alle Tag dein Lied!
*Robert Louis Stevenson,*
*übersetzt von Josef Guggenmos*

## Luft

Der Indianer
zieht den sanften Klang des Windes vor,
wie er
über das Gesicht eines Teiches streicht
und den Geruch dieses Windes,
gereinigt von einem Regen
oder voll mit dem Duft der Fichten.

Die Luft ist dem Roten Mann wertvoll,
denn alle Dinge teilen denselben Atem –

die wilden Tiere,
der Baum,
der Mensch,
sie alle atmen die gleiche Luft.

Der Weiße Mann
scheint die Luft, die er atmet,
nicht wahrzunehmen.
Wie jemand, der lange Tage stirbt,
ist er starr von Gestank.

Aber wenn wir euch unser Land verkaufen,
müsst ihr daran denken,
dass die Luft uns wertvoll ist,
dass die Luft ihren Geist

mit all dem Leben teilt,
das es unterstützt.

Der Wind, der unserem Großvater
seinen ersten Atem gab,
empfängt auch seinen letzten Seufzer.
Und der Wind muss auch unseren Kindern
den Geist des Lebens geben.

Und wenn wir euch unser Land verkaufen,
müsst ihr es gesondert
und geheiligt halten
als einen Platz,
wo sogar der Weiße Mann
hingehen kann,
um den Wind zu schmecken,
der von den Wiesenblumen gesüßt ist.
*Häuptling Seattle*

**Was der Wind tut**

Wenn er sich leise säuselnd regt,
ist er zu Scherzen aufgelegt
und werkt mit Wolkenplastilin
am hohen Himmelsbaldachin.
Er formt ein kleines Königsschloss
und einen Reiter, hoch zu Ross,
ein Boot und auch ein Dromedar
und langes, weißes Lockenhaar.
Die Haare windet er zum Kranz,
das Dromedar wird eine Gans,
der Reiter eine Eisenbahn,
das Schloss ein Wagen und ein Kran.

Allmählich kommt der Wind in Fahrt;
jetzt ist er nicht mehr lind und zart,
er jagt die Wolken, franst sie aus,
macht sie gebirgig, rund und kraus,
er rührt sie schaumig, flockig, scheckig,
knetet sie flach und macht sie eckig,
fegt auseinander, fügt zuhauf
und bläst sie wie ein Kissen auf.
Der Wind auf seinem schnellen Pferde
Jagt so umher die Wolkenherde
Und wandelt sie, wie's ihm gefällt,
bei uns und in der ganzen Welt.
*Rosemarie Neie*

## Sonne, Mond und Sterne

Oftmals vergessen wir den Wert der Naturerlebnisse und Dinge zu schätzen, die scheinbar immer da sind, um die wir uns nicht bemühen müssen. Sonne, Mond und Sterne sind nah und fern zugleich, wir müssen uns nicht um ihr Erscheinen kümmern und dennoch bestimmen sie unser Leben ganz fundamental. Die Lebensgestaltung des Menschen wird elementar von dem Lauf der Sonne und des Mondes bestimmt. Die Strukturen des Tag- und Nachtrhythmus, die Monate, die Feste des Jahreskreislaufs, alles ist orientiert am Wechselspiel der Gestirne. Der Mensch braucht zur Lebensstrukturierung Sonne, Mond und Sterne – die Gestirne aber existieren unabhängig vom Menschen, sind ihren Einflüssen gegenüber gleichgültig.
Der Mensch braucht die Sonne als Energiequelle des Lebens überhaupt, ohne Sonne, ohne Licht – kein Leben! Nur das Zusammenspiel der Elemente, die wechselseitige Bedingtheit, lässt immer

neues Leben keimen, wachsen und entstehen. Der Mond (-monat) bestimmt mit der Sonne den Rhythmus, die Zeit, die Wechsel von Tag und Nacht, von Hell und Dunkel. Erst wenn es ungewöhnliche Erscheinungen gibt, welche die menschlichen Gewohnheiten durchbrechen, wie beispielsweise 1999 die totale Sonnenfinsternis – erst dann werden wir bewusst wieder daran erinnert, uns dem Himmelszelt zuzuwenden, einmal nach Oben zu schauen, um Naturphänomene staunend zu beobachten, uns ihrer wieder bewusster zu werden.
Auch die Sterne haben für unseren Alltag anscheinend nicht mehr eine so große Bedeutung und Funktion. Dienten sie zu anderen Zeiten der Orientierung, der Wegfindung, der Deutung von Lebensmustern und Schicksalen, so sind sie heute vielfach Gegenstand wissenschaftlicher Untersuchungen oder berühren als Sternbilder in Horoskopen noch die Alltagswelt der Menschen. Auch schon in der Bibel wir auf die strukturierende Macht der „Himmelslichter" verwiesen:
„Lichter sollen am Himmelsgewölbe sein, um Tag und Nacht zu scheiden. Sie sollen Zeichen sein, um Tag und Nacht zu scheiden. Sie sollen Zeichen sein und zur Bestimmung von Festzeiten, von Tagen und Jahren dienen; sie sollen Lichter am Himmelsgewölbe sein, die über die Erde hin leuchten." (Genesis, 1,14–16)

Sonne, Mond und Sterne aber prägen und bestimmen in ihrer unendlichen Ferne und Nähe immer, unbewusst und bewusst, das Leben der Menschen. Die Faszination, die von Ihnen ausgeht, gilt es für Kinder und Erwachsene zu erhalten und zu pflegen.

Sonne, Mond und Sterne können vom Kind nicht direkt erfasst werden, es kann nichts berühren und ertasten. Nur durch das beobachtende Schauen können sie die Gestirne bewusster erleben und über Symbole und Geschichten bewusster betrachten und kennen lernen.

**Umweltkommunikation: Fragen zum Gespräch**
Wozu brauchen wir Sonne, Mond und Sterne?
Braucht die Sonne den Menschen?
Wo ist der Mond am Tag, wo die Sonne in der Nacht?
Was tun Sonne, Mond und Sterne für den Menschen?
Was tut der Mensch für sie?
Könnten die Menschen ohne Sonne, Mond und Sterne leben?

*Ziel:* Die Gestirne mit ihrer Bedeutsamkeit für Mensch und Umwelt, sollen bewusst beobachtet und wahrgenommen werden.

## Spiele und Übungen

**Sonnenwärme**

An einem warmen Sonnentag werden die Kinder eingeladen, sich einen schönen Platz auf einer Wiese zu suchen, um einmal mit geschlossenen Augen die Wärme der Sonne richtig zu spüren.

Den Kindern kann die Geschichte von „Frederick“[16] erzählt oder vorgelesen werden. Frederick ist eine Maus, die im Sommer Sonnenstrahlen für den langen kalten Winter sammelt.

**Sonnenblumen** Die Kinder können in einem Fachgeschäft Blumensamen, -erde und Tontöpfe kaufen, um dann die Sonnenblumensamen einzupflanzen. Beim Säen, Wachsen und Pflegen der kleinen Triebe können sie entdecken, dass die Sonnenblume, wie auch viele andere Blumen, den Weg des Lichtes sucht und später ihr Gesicht immer der Sonne zuwendet. Sicher hat die Sonnenblume ihren Namen daher, dass sie ein wenig aussieht wie eine Sonne.
Die Kinder können vorher oder anschließend gebeten werden, ein Sonnen-Blumen-Bild zu malen oder eine Collage zum Thema „Was die Sonne alles kann“ zu erstellen.

**Sonnenuhr** Um eine ganz einfache Sonnenuhr zu gestalten, benötigt man einen Holzstab und einen kleinen Blumentopf, gefüllt mit Sand. Der Holzstab wird in die Mitte des Topfes gesteckt und Richtung Norden wird die 12 mit einem Zeichen oder einer Zahl markiert. Stündlich können nun die Kinder bei Sonnenschein mit Hilfe der Erwachsenen den Verlauf des Schattenstabes beobachten und die jeweiligen Stunden im Sand oder am Rande des Blumentopfes markieren.

**Sonnen-Regenbogen** Die Kinder werden eingeladen, einen Regenbogen zu malen, zunächst ganz einfach nur nach ihren Vorstellungen. Die Regenbogenbilder werden dann gemeinsam angeschaut und es soll gerätselt werden, welche Farben denn nun ein Regenbogen hat und wie er zustande kommt.
Der Regenbogen entsteht, wenn die Sonne in den Regen scheint, das Sonnenlicht wird gebrochen und in den Regentropfen unterschiedlich

[16] Leo Lionni, Frederick

reflektiert. Je tiefer die Sonne steht, umso höher ist der Regenbogen. Er hat immer sieben Farben: Rot, Orange, Gelb, Grün, Blau, Blauviolett und Violett. Die Farben erscheinen auch immer in dieser Reihenfolge. Wenn es zwei Regenbögen gibt, ist der innenliegende heller und hat auch kräftigere Farben.

**Regenbogenspiel**

Zu den Regenbogenfarben Rot, Orange, Gelb, Grün, Blau, Blauviolett und Violett denken sich die Kinder jeweils eine Bewegung aus. Sie sitzen in einem Kreis mit einem Ball, den sie sich gegenseitig schnell zuwerfen. Dabei nennen sie eine Regenbogenfarbe. Das Kind mit dem zugeworfenem Ball macht dann die entsprechende Bewegung (oder alle machen die Bewegung) und wirft anschließend den Ball einem anderen Kind zu, und das Spiel beginnt von vorn.

**Schattenmalen**

Bei Sonnenschein können die Kinder auf einer geteerten Fläche ihre Schatten beobachten und mit farbiger Straßenkreide ummalen lassen und anmalen, dabei können sie verrückte Verrenkungen und Skulpturen mit mehreren Kindern erstellen. Die Schattenumrisse können auch auf große Papierbögen gemalt werden und später ausgemalt und ausgestellt werden.

**Mondkalender**

Die Kinder werden eingeladen, sich einmal für einen Monat einen Mond-Wetterkalender zu machen, wo sie jeden Tag den Mondstand, Vollmond, Halbmond, Neumond, und das Wetter des Tages per Symbol oder mit Worten eintragen.
Außerdem können sie einmal alte Weisheiten und Bauernregeln zum Mond und Wetter sammeln (z. B. „Wenn der Mond wird voll und rund, drei Tage später Regen kummt“) und überprüfen.

**Mondgesicht**

Alle Kinder sollen sich einmal den Mond ganz genau ansehen, um am nächsten Tag dann das „Gesicht des Mondes“ zu malen.

**Mondspiel** Für das Mondspiel werden in der Anzahl der Mitspielenden Kärtchen mit den Worten oder Symbolen Vollmond, Halbmond, Neumond vorbereitet. Zu einer ausgewählten Musik gehen alle im Raum umher und tauschen ihre Kärtchen. Auf ein Zeichen (Klang), müssen sich die jeweiligen Mondgruppen treffen, die Gruppe, die zuerst vollzählig ist, hat gewonnen. Zur Auflockerung können den Gruppen auch noch diverse Aufgaben gegeben werden: sich begrüßen wie auf dem Mond, sich bewegen wie auf dem Mond, Frühsport auf dem Mond, etc.

*Variante „Ebbe-Flut“:* In einem größeren Raum können in der Mitte auch noch zwei Kreise markiert werden, die Ebbe und Flut symbolisieren. Wenn die Spielleitung jetzt zwischendurch das Signal „Ebbe“ ruft, müssen sich alle Spielenden im Ebbekreis in der Hocke „zusammenziehen“. Bei dem Ruf „Flut“ müssen sich alle gestreckt im Flutkreis zusammenfinden.
Die Anziehungskraft des Mondes ist groß genug, um das Wasser der Meere von den Küsten wegzuziehen (Ebbe). Wenn sich die Erde weiterdreht, steigt das Wasser an den Küsten wieder, es ist Flut. Ebbe und Flut nennt man Gezeiten.

**Nachtwanderung** Eine Nachtwanderung bei sternenklarem Himmel, am besten mit einer sternkundigen Führung, ist für Kinder immer ein interessantes Erlebnis.
Lässt sich das schlecht organisieren, so empfiehlt sich als Ersatz oder Ergänzung ein Besuch im Planetarium. Viele Volkssternwarten bieten außerdem besondere Programme für Kinder an.

**Sternbilder** Die Kinder sollen einmal das Sternbild ihres Geburtstages herausbekommen und Informationen dazu sammeln.
Dann sollen sie einfach ein Fantasiebild zu ihrem „Sternbild“ malen.

Früher dienten die Sterne der Orientierung für den Weg und den Verlauf des Lebens.
Die bekannten Sternbilder finden wir heute vielfach noch als Horoskope in Zeitschriften: Steinbock (22.12. bis 20.1.), Wassermann (21.1. bis 19.2.), Fische (20.2. bis 20.3.) Widder (21.3. bis 20.4), Stier (21.4. bis 20.5), Zwillinge (21.5. bis 21.6), Krebs (22.6. bis 22.7.), Löwe (23.7. bis 23.8), Jungfrau 24.8. bis 23.9.), Waage (24.9. bis 23.10.), Skorpion (24.10. bis 22.11) und Schütze (23.11. bis 21.12.).
Abschließend kann es eine Sternbildausstellung geben, ergänzend können aus Fachbüchern Kopien der Originalsternbilder dazugelegt werden.

## Geschichten und Gedichte

### Wo die Sonne übernachtet

An einem Morgen war es. Die Steppe dampfte vom Tau der Nacht. Da tauchten über den weiten Fluten Wolken am Himmel auf. Immer, wenn die Steppe dampft und die Sonne scheint, kommen Wolken auf. An diesem Morgen wurden zwei weiße, krause Wölkchen geboren – zusammen mit vielen anderen. Sie begegneten sich über einer Wiese und überlegten, was sie tun sollten. Da kamen sie auf den Gedanken, einmal nachzuschauen, wo die Sonne übernachtet. Und sie beschlossen, hinter der Sonne herzuziehen. Wenn sie am Abend hinter dem Horizont versänke, würden sie ja sehen, wo sie zur Nachtzeit bliebe. So geschah es. Sie jagten hinter der Sonne her. Das war eine lange, lange Reise, und es wollte und wollte nicht Abend werden.
„An sich müsste es längst Abend sein“, meinte die eine Wolke.
„Die Sonne führt uns an der Nase herum. Sie hat erraten, was wir wollen, und wird sich heute nicht schlafen legen“, setzte die andere Wolke hinzu.
Die Wolken berieten sich ein zweites Mal und flogen dann weiter. Sie dachten, früher oder später müsste die Sonne doch einmal müde wer-

den und schlafen gehen. Da sie ja älter sei als die Wolken, würde sie um so eher ermüden. Ob die Sonne wolle oder nicht, sie bekämen es doch heraus, wo sie übernachtet. Die Zeit verging. Die Sonne zog am Himmel ihre Bahn. Die Wolken hinterdrein. Die Zeit verging, aber es wurde noch immer nicht Abend. Plötzlich schaute eine Wolke auf die Erde hinunter und rief:
„Sieh doch nur, wir sind schon wieder über der Wiese, über der wir gestern Abend geboren wurden. Was hat das zu bedeuten? Sind wir gar um die Erde geflogen und zum Anfang des Weges zurückgekehrt?"
„Die Sonne will uns zum Narren halten. Sie bleibt am Himmel, um uns nicht zu zeigen, wo sie übernachtet. Aber es soll ihr nicht gelingen, uns zu täuschen. Wir warten, bis sie müde wird", sprach die andere Wolke, und dann flogen sie weiter …
Das war im Frühling. Als der Sommer kam, zogen die Wolken immer noch hinter der Sonne her. Und die war nicht ein einziges Mal vom Himmel gewichen und hatte sich noch nicht schlafen gelegt.
Die Sonne zog am Himmel ihre Bahn, die Wolken eilten hinterher und sprachen:
„Wie starrköpfig doch die Sonne ist! Wie viele Tage ist es jetzt auf Erden nicht mehr Nacht geworden! Unten in der Tiefe bleibt es immerzu hell", meinte die Wolke, und die andere gab ihr Recht. „Wo die Sonne übernachtet, wir haben es nicht herausbekommen. Aber dafür haben wir der Erde einen langen, lichten Tag geschenkt. Unseretwegen ist die Sonne nicht schlafen gegangen."
So sprachen die Wolken. Sie ziehen immer hinter der Sonne her. Schaut einmal die Mittagsstunde zum Himmel hinauf, dann könnt ihr sie sehen.
*Brüder Bondarenko*

## Die Sonne (I)

Die Blumen alle groß und klein,
die nähren sich vom Sonnenschein.
Die lieben Vöglein allzumal,
sie freuen sich am Sonnenstrahl.
Die Mücklein halten ihren Tanz,
so froh, so frei im Sonnenglanz.
Und dankend hebt sein Angesicht
der Mensch hinauf zum Sonnenlicht.

## Die Sonne (II)

Tritt die Sonne aus ihrem Zelt
und schickt ihre Strahlen nieder zur Welt:
Du reife die Beeren!
Du bräune das Korn!
Du wecke die Röschen
am Heckendorn!
Du reife die Kirschen,
die Pflaumen du,
Zwetschgen und Aprikosen dazu!
Du wärme die Fluten
mit feurigen Gluten!
Du bau eine Brücke über den See!
Du schmelz auf den Höhen den letzten Schnee!
Du wölbe hoch einen farbigen Bogen,
und kommen abends die Wolken gezogen,
so male die Ränder mit leuchtendem Gold!
Auf Wiedersehn, Kinder,
das ist's, was ihr sollt!

**Die Reise der Sonne**

Wenn die Sonne ihre Strahlen
morgens durch das Fenster schießt,
dass du, halb im Schlaf noch, niest,
hat sie eine lange Reise
stets schon hinter sich gebracht,
die beginnt, wenn du noch schlummerst,
fern im Osten und bei Nacht.
Liegst du noch in schönsten Träumen,
fängt die Sonnenfahrt schon an,
langsam rollt sie über China
zur Türkei, zum Muselmann,
lässt die Mongolei im Rücken,
war in Russland, in Tibet,
sah Arabien und Indien
bis sie hier am Himmel steht.
Und gehst du am Abend schlafen,
Reist sie weiter durch die Welt,
klettert westwärts hinterm Walde,
hinterm Berge oder Feld
flugs in einen andern Himmel
– den von Cuba und Peru –
und weckt dort die Indianer
und die niesen dann, wie du.
*Eva Rechlin-Bartoschek*

**Der Regenbogen**

Ein Regenbogen,
komm und schau!
Rot und orange,
gelb, grün und blau!

So herrliche Farben
kann keiner bezahlen,
sie über den halben
Himmel zu malen.

Ihn malte die Sonne
mit goldener Hand
auf eine wandernde Regenwand.
*Josef Guggenmos*

## Der Schneider im Mond

Ein Schneider, der in den Himmel wanderte, verirrte sich in den Mond. Ein solcher Mann war auf dem Mond willkommen. „Es friert mich so sehr“, sagte der Mond, zumal in den kalten Winternächten; und da tät mir denn ein warmes Röcklein gar wohl.“ Der Schneider mochte wollen oder nicht, er musste bleiben, und sogleich nahm er Maß an dem Mond. Der hatte einen großen Buckel und einen dünnen Bauch, und er sah schier aus wie ein Schneider, wenn er auf dem Bock sitzt. Der Rock war indessen bald fertig und stand dem Mond aufs allernetteste, trotz seiner Missgestalt. Aber siehe da! Nun schwoll der Kunde von Tag zu Tag, und sein Bauch wurde immer dicker und der Rock immer enger. Da hatte dann der Schneider vollauf zu tun, um nachzuhelfen, aufzutrennen und anzusetzen. Zuletzt wurde der Mond ganz dick und fett und kugelrund, und der Schneider konnte kaum so viel Tuch auftreiben und so viel Zeit, um die Arbeit zu fertigen. Nun endlich glaubte aber der Schneider, er werde Ruhe haben und Urlaub bekommen. Aber was geschieht? Jetzt fing der Mond an, ordentlich einzuschrumpfen von Tag zu Tag, so dass ihm das Kleid immer weiter wurde und an seinem Leibe schlotterte. Ja, was noch schlimmer war, er schwand jetzt immer mehr am Rücken, während er vorn den Wanst behielt, und er sah zuletzt aus wie ein Gaukler, der sich rückwärts auf den Boden niederlässt. Da gab’s dann für den armen Schneider fort und fort Arbeit; immer wieder musste er nachhelfen und auftrennen und davon trennen, bis es recht war. Endlich, nach drei Wochen, bekam er Ruhe, denn der Mond legte sich jetzt schlafen und ließ sich mehrere Tage nicht sehen. Unser Schneider aber, welcher der vielen und langen Arbeit satt geworden, verließ den Mond und setzte seine Wanderung fort.

*Ludwig Auerbacher*

**Das Lied vom Monde**

Wer hat die schönsten
Schäfchen?
Die hat der goldne Mond,
der hinter unsern Bäumen
am Himmel droben wohnt.

Er kommt am späten Abend,
wenn alles schlafen will,
hervor aus seinem Hause
zum Himmel leis und still.

Dann weidet er die Schäfchen
auf seiner blauen Flur,
denn all die weißen Sterne
sind seine Schäfchen nur.

Sie tun sich nichts zuleide,
hat eins das andre gerne,
und Schwestern sind und Brüder
da droben Stern an Stern.

Und soll ich dir eins bringen,
so darfst du niemals schrein.
Musst freundlich wie die
Schäfchen
und wie ihr Schäfer sein.
*Hoffmann von Fallersleben*

**Der kleine Mondbär**

Einmal, in einer Nacht, fühlte sich der kleine Bär einsam.
Er ging hinaus und schaute zum Himmel empor.
Da sah er den Mond. Er hatte ihn nie zuvor wahrgenommen. Und in dieser ganz besonderen Nacht verliebte sich der kleine Bär in den Mond.
Von da ab stand der kleine Bär jeden Abend auf der Stufe vor seinem Haus und blickte zum Mond hinauf.
Der Mond sah schön aus und der kleine Bär bewunderte ihn sehr.
Als der kleine Bär aber merkte, dass der Mond sich veränderte, begann er, sich Sorgen zu machen. Er kaufte sich eine Brille, um besser sehen zu können.
Es stimmte: Der Mond wurde kleiner!
Der kleine Bär war beunruhigt.
Jede Nacht war ein bisschen weniger vom Mond zu sehen. Würde er eines Tages ganz verschwunden sein?

Vielleicht braucht der Mond Hilfe, dachte der kleine Bär. Ich müsste versuchen, ganz nahe an ihn heranzukommen. Er kletterte auf das Dach seines Hauses und streckte sich, sosehr er konnte.
Doch anstatt den Mond zu erreichen, rutschte der kleine Bär aus und fiel herunter. Zum Glück konnte der Doktor im Krankenhaus den kleinen Bären wieder gesund machen.
Als ein paar Tage vergangen waren, durfte er nach Hause.
Aber der kleine Bär musste immerzu an den Mond denken. Er sorgte sich sehr um ihn. Er hatte keine Lust mehr, mit seinen Freunden zu spielen. Und essen mochte er auch nicht!
So gingen die Tage dahin. Einmal schaute der kleine Bär in den Spiegel und sah, dass er sehr dünn geworden war. Plötzlich hatte er einen Einfall. Vielleicht isst der Mond auch nicht genug, dachte er. Möglich, dass er darum immer dünner wird!
In dieser Nacht stellte der kleine Bär ein Schälchen mit Honig für den Mond hinaus. Der kleine Bär träumte, dass der Mond wieder dick und rund war. Es war ein schöner Traum.
Doch während der kleine Bär schlief, kamen die Vögel und pickten den Honig auf. Am Morgen war die Schale leer. Und am folgenden Abend sah der Mond tatsächlich etwas größer aus.
Nun wird alles wieder gut, dachte der kleine Bär und freute sich.
Jeden Abend stellte der kleine Bär ein bisschen Honig für den Mond hinaus. Der Mond wurde dick und dicker und der kleine Bär tanzte vor Freude
Er ahnte nicht, dass die Vögel in den Nächten den Honig holten. Er sah nur den Mond. Und der Mond nahm zu.
Ich hab dem Mond geholfen, dachte der kleine Bär. Ohne mich wäre er schließlich verhungert.
Aber weil er all seinen Honig verschenkte, aß er nun selber gar nichts mehr.
Tag für Tag wurde der kleine Bär immer schwächer und schwächer.

Natürlich merkten auch die Vögel, was mit ihm los war. Einer von ihnen wollte ihm alles über den Mond erzählen.
Die anderen Vögel aber sagten:
„Nein! Mach das bloß nicht. Wenn der kleine Bär die Wahrheit kennt, wird er keinen Honig mehr hinzustellen.“
Doch dem Vogel tat der kleine Bär so leid, das er trotzdem zu ihm hinflog.
„Armer, dummer Mondbär“, zwitscherte er. „Hör zu: Den Mond braucht niemand zu füttern.“
„Warum nicht?“, fragte der kleine Bär.
„Weil er von ganz alleine größer wird und kleiner, und wieder größer und kleiner, und immer so fort.
Und wenn du wissen willst, wer deinen Honig gegessen hat – das waren wir!“
Von dem Tag an aß der kleine Bär seinen Honig wieder selber. Bald war er kräftig und gesund wie früher.
Und der Mond wurde jede Nacht ein bisschen größer, bis er schließlich genau so rund war wie damals, als der kleine Bär ihn zum erstenmal bemerkt hatte.
Immer noch war der kleine Bär in den Mond verliebt.
Aber der Mond brauchte ihn nicht.
Wahrscheinlich weiß er nicht einmal, dass es mich gibt, dachte der kleine Bär betrübt.
Doch als er eben anfing zu weinen, flog der Vogel herbei.
„Kleiner Bär“, zwitscherte er, „du bist nicht einsam. Wir Vögel sind gern bei dir. Und wir brauchen dich.“
Da begriff der kleine Bär, dass man nicht unbedingt den Mond zum Freund haben muss.
Ein Freund kann auch ganz nahe sein, viel näher als man denkt.
*aus dem Englischen übersetzt von Gina Ruck-Pauquèt*

## Der Mond ist aufgegangen

Der Mond ist aufgegangen,
die gold'nen Sternlein prangen
am Himmel hell und klar.
Der Wald steht schwarz und schweiget,
und aus den Wiesen steiget
der weiße Nebel wunderbar.

Wie ist die Welt so stille
und in der Dämmrung Hülle
so traulich und so hold
als eine stille Kammer,
wo ihr des Tages Jammer
verschlafen und vergessen sollt.

Seht ihr den Mond dort stehen?
Er ist nur halb zu sehen
und ist doch rund und schön.
So sind wohl manche Sachen,
die wir getrost belachen,
weil unsre Augen sie nicht sehn.

So legt euch denn, ihr Brüder,
in Gottes Namen nieder,
kalt ist der Abendhauch.
Verschon uns, Gott mit Strafen
und lass uns ruhig schlafen
und unsern kranken Nachbarn auch.
*Matthias Claudius*

**Sternengruß**

Sonne, Mond und Sterne
schaun aus weiter Ferne
her zu dir und mir.
Bringen uns den hellen Schein
strahlend in das Kämmerlein,
leuchten mir und dir.

Senden aus dem Dunkel
silbern Lichtgefunkel
uns bei Tag und Nacht.
Halten in der Ferne,
Sonne, Mond und Sterne,
uns die stille Wacht.

**Die Glühwürmchen und die Sterne**

Zur Zeit der Abenddämmerung saßen drei oder vier Glühwürmchen in einer Wiese unter den Kräutern und Blumen, und man sah, wie sie geheimnisvoll die Köpfe zusammensteckten, emsig hin und her krochen und sich eifrig besprachen, so dass man glauben musste, es sei etwas sehr Wichtiges im Gange. Als nun die Nacht auf die Felder und Flure hernieder sank und die Sterne am Himmel erglänzten, da erklommen sie einen hohen Grashalm und sprachen zu den Sternen: „Ihr lieben Sternlein! Ihr müsst gewiss sehr müde sein von eurem allnächtlichen Wachen, drum geht einmal ohne Sorgen schlafen, wir wollen indes die Erde für euch beleuchten!“ Die Sternlein lächelten einander an und verbargen sich zum Spaße hinter kleinen Wolken; die Glühwürmchen aber glänzten die ganze Nacht hindurch aus allen Leibeskräften, und am Morgen meinten die guten Tierlein, sie hätten die Erde erleuchtet.
*Gottfried Keller*

**Der kleine Stern**

Es war einmal ein kleiner Stern. Er wohnte an der Milchstraße. An der Milchstraße wohnten auch andere Sterne. Aber sie waren groß und kümmerten sich nicht um ihn. Ich bin zu klein. Sie brauchen mich nicht, dachte er. Traurig schaute der kleine Stern auf die Erde hinunter. Dort standen die Sterne dicht zusammen und waren genauso winzig wie er. „Sie haben es gut“, sagte er und ließ sich eines Nachts auf die Erde fallen. Er landete auf einer Bergspitze. Dann kugelte er den Abhang hinunter. Auf einer Wiese in der Nähe einer Stadt blieb er liegen. Doch wo waren nun die vielen winzigen Sterne, die er aus weiter Ferne gesehen hatte? Sie waren ebenso groß wie seine Kameraden am Himmel. Und es waren gar keine Sterne. Es waren Straßenlampen. Der kleine Stern schaute zum Himmel hinauf. Da entdeckte er die Milchstraße. Er staunte. Dort standen die Sterne dicht zusammen und waren genauso winzig wie er. Hatte er den langen Weg umsonst gemacht? Der kleine Stern fand sich nicht mehr zurecht und fing an zu weinen.

Da ging die Sonne auf. Sie sah den kleinen Stern auf der Wiese liegen. „Warum weinst du?“, fragte sie. „Was klein ist, ist groß, und was groß ist, ist klein, ich weiß nicht, warum“, antwortete er. „Das ist ein Rätsel“, sagte die Sonne. „Ich will dir helfen, es zu lösen.“ Die Sonne nahm den kleinsten Stern mit auf ihre Reise. Am Morgen zeigte sie ihm die Dinge aus der Nähe: eine Blume, einen Baum, ein Tier.

Am Mittag zeigte sie ihm die Dinge aus der Ferne: die Blumen, die Bäume, die Tiere. Am Abend aber, als die Sonne untergehen wollte, ließ sie den kleinen Stern auf ihrem letzten Strahl an seinen alten Platz zurückkehren.

Weit unter ihm lag die Erde. Der kleine Stern wusste jetzt, warum die kleinen Dinge groß und die großen Dinge klein sind. Er hatte sie aus der Nähe betrachtet und aus der Ferne gesehen. Der kleine Stern strahlte. Er hatte das Rätsel gelöst. Er hatte die Reise nicht umsonst gemacht.

*Max Bolliger*

## Sterne

Das größte Bilderbuch der Welt,
am Himmel ist es aufgestellt,
wenn still auf nächtlich blauem Grunde
die Sterne ziehen ihre Runde:
Sie schwingen um im ew'gen Kreise
und wandern die uralte Reise,
einander freundlich zugesellt
im größten Bilderbuch der Welt:
Wer mag die goldnen Blätter wenden?
Wer hält das Buch in seinen Händen?

# Steine

Steine begegnen und begleiten das Leben eines jeden Menschen und Lebewesens. Vielfach formen sie als Straße den Weg des Lebens, bieten den Grund, den Grundstein für das Leben. Steine haben viele Seiten, viele Bedeutungen. Sie können als Pflastersteine oder Bauelemente eine Funktion haben, dem Menschen bei der Gestaltung seines Lebensraumes schützend dienen. Aber auch als Schmuckstück, als Zierde an den Fassaden, als Skulptur oder als Gedenkstein sind Steine dem Menschen im Alltagsleben nahe.
Alte Steine (Findlinge), Felsen und Natursteine, geformt aus dem ewigen Zusammenspiel der Elemente, zeugen von der Vergangenheit, schaffen elementare Verbindungen zwischen Mensch und Zeit. Von den vielfältigen und gegensätzlichen Formen und Eigenschaften – groß, klein, eckig, rund, glatt, rau, bunt, einfarbig, lang, kurz, dick, dünn, leicht, schwer etc. – geht eine Faszination aus, kein Stein ist wie der andere. Diese Einmaligkeit des Steines ist ein Phänomen, welches den Menschen begeistert und an die Einmaligkeit und Einzigartigkeit der Menschen und Lebewesen erinnert.
Es gibt ganz besondere Steine, Edelsteine mit außergewöhnlichen Eigenschaften und Wirkungen. Neben der materiellen Nutzung wird den Steinen auch eine Wirkung im feinstofflichen energetischen Bereich zugeschrieben. Den Steinen werden leitende und reinigende Wirkungen zugeschrieben, sie präzisieren Schwingungen und gleichen aus. Diese Wirkungsweise von Edelsteinen und Kristallen zeigt sich auch im Hightechbereich – Fernseher, Quarzuhren, Computer, Handys – alles läuft nur dank der Kristalle mit Siliziumquarz.
Edelsteine wurden schon seit Jahrtausenden von allen Kulturen zum Heilen oder Schützen vor unerwünschten Einflüssen verwendet. Schon der große griechische Philosoph Aristoteles (384–322 v. Chr.) beschäftigte sich mit den Steinen und deren Wirkung, insbesondere

liebte er den Diamanten, da kein anderer Stein „Macht" über ihn hat. Im Griechischen wurde der Diamant aus diesem Grunde auch „adamas" – der Unbezwingliche – genannt. Auch in der Bibel wird den Steinen eine besondere Wertschätzung und Kraft zugeschrieben (z.B. Off 21,18–21, Jes 54,11–12, Tob 13,20). Dort ist von einer Prachtentfaltung, von spirituellem Glanz, von einer Wirkung göttlichen Ursprungs die Rede.
Edle Steine oder Edelsteine setzen sich nicht nur, wie alle Steine, aus Mineralien zusammen, sie haben zudem noch eine besondere Farbe, Klarheit und Glanz. Man sagt auch, sie haben ein „Feuer", d.h. eine besondere Ausstrahlung von Lichteffekten. Dann sind sie noch besonders hart und widerstandsfähig, sie konnten viele Umwelteinflüsse überstehen und haben deswegen Seltenheitswert. Kostbare Steine wie der Diamant, Rubin oder Smaragd entstehen aus so einfachen Grundelementen wie Kohlenstoff, Tonerde, Kieselsäure, Kalk und Magnesium – der besondere Glanz und die Kraft dieser Edel-

steine sind also fast ein kleines Wunder. Edelsteine gelten als besonders kostbar und wertvoll, sie unterscheiden sich von den gewöhnlichen Steinen und werden als Schmuck oder Geschenk hoch geachtet.

**Umweltkommunikation: Fragen zum Gespräch**
Was sind Steine?
Wozu braucht der Mensch sie?
Was können die Menschen mit Steinen alles machen?
Wo gibt es sie?
Sehen die Steine alle gleich aus und sind sie alle gleich wertvoll?
Was wäre, wenn es keine Steine gäbe?

*Ziel:* Die Steine und Mineralien als Ursubstanzen und Werkzeuge für Entwicklung, die erst Leben und Kultur möglich machten, sollen beobachtet und in ihrem Wert wahrgenommen werden.

## Spiele und Übungen

**Steinbilder**

Die Kinder werden eingeladen, viele unterschiedliche Steine vom Wegrand oder aus den Gärten zu sammeln, um daraus ein „Steinbild“ zu gestalten. Steinbilder können in der freien Natur auf einem Rasen oder in Sand „gelegt“ werden.
Um ein dauerhaftes Bild zu gestalten, empfiehlt es sich, feste Kartondeckel zu verwenden oder Bilderrahmen aus Holzlatten zu basteln. In diesen Rahmen muss ein Untergrund geklebt werden, der dann mit einer Mischung aus Kleister und Sand angefüllt wird. Nach Anweisung auf der Packung wird der Tapetenkleister angerührt und zwei Teile Kleister werden mit drei Teilen feinem Sand (z. B. Vogel-

sand) vermischt. Dieses Gemisch wird in den Kartondeckel oder Bilderrahmen gegeben und mit einer Leiste glatt gestrichen. Jetzt kann das Steinbild oder Mosaik gestaltet werden. Bei Zimmertemperatur muss es einige Tage trocknen, bis es ganz fest ist.
Um sich Anregungen für eine künstlerische Gestaltung von Mosaiken und Steinbildern zu holen, empfiehlt sich ein Besuch bei einem Steinmetz oder der Besuch von alten Kirchen und Klöstern.

**Steinfiguren**

Gesammelte Steine können nach Belieben angemalt und gestaltet werden.
Dabei können auch Themen wie z. B.: Steingesichter, Tierwelt aus Stein, eine neue Welt aus Stein, ein Spielplatz aus Stein … vorgeschlagen werden.

**Steinrasseln**

Die Kinder werden gebeten, verschließbare handliche Gefäße wie Pappdosen, Plastik- und Blechdosen, Filmdöschen, Gläser mit Schraubdeckeln etc. mitzubringen. Außerdem werden ganz viele kleine und größere Steine benötigt, die auf einem gemeinsamen Spaziergang gesammelt werden können.
Um ein Stein-Rasselkonzert zu veranstalten, müssen alle Gefäße mit verschiedenen Steinen und mit unterschiedlichen Mengen gefüllt werden. Die Kinder sollen die Klangqualitäten der Steine selbst ausprobieren und entsprechend wählen und zusammenstellen. Auch durch das variantenreiche Benutzen der Rasseln, wie z. B. drehen, schütteln, rollen, schlagen etc., können sehr verschiedene Geräusche entstehen, dieses sollen die Kinder erkunden.

*Spielvarianten:* Die Kinder können ihre Rasseln den anderen Kindern vorstellen, indem sie einen Rhythmus wählen, den die anderen Kinder dann jeweils nachspielen.
Es kann auch eine (Stein-)Geschichte vorgelesen werden und die Kinder müssen immer auf ein abgesprochenes Zeichen hin ihre Rasseln

erklingen lassen. Ebenso können natürlich alle Lieder mit lauten und leisen Rasselklängen begleitet werden.

**Steinkunstwerke aus Speckstein und Ytong**

Aus Speckstein und Ytong können Kinder mit Hilfe von kleinen Sägen, Feilen, stumpfen Messern, Schmirgelpapier und Stahlwolle kleinere und größere Kunstwerke oder einfache Handschmeichler herstellen. Das Bearbeiten dieser Steine erfolgt von grob nach fein. Zunächst wird die Größe ggf. durch Sägen bestimmt (Aufsicht und Anleitung), dann werden mit einer Feile unliebsame Ecken und Kanten entfernt und in den weiteren Schritten immer feinere Feilen und Schmirgelpapiere benutzt. Mit sehr feinem Schmirgelpapier, zuletzt unter Wasser, kann Speckstein bis zu einer wunderbar glatten Oberfläche bearbeitet werden.

Speckstein ist ein sehr weiches Material, welches schon seit Jahrhunderten in vielen Kulturen zu Skulpturen oder Schmuck verarbeitet wurde.

Das Material muss von Erwachsenen im Fachhandel besorgt werden.

**Steinturm**

Die Kinder erhalten eine gleiche Anzahl von Steinen und setzen sich mit einem Würfel ausgestattet in einen Kreis. Reihum wird gewürfelt. Würfelt jemand die ausgemachte Farbe oder Zahl (z.B rot oder 6), darf er beginnen, mit seinem Stein einen Turm zu bauen, bzw. weiterzubauen. Stürzt der Turm um, so müssen alle gestürzten Steine genommen werden und der Turmbau beginnt von vorne.

**Steinkim**

Je zwei Kinder erhalten 30–40 Steine und ein Tuch zum Abdecken. Das eine Kind schließt die Augen, während das andere mit der Hälfte der Steine eine Form oder Figur legt. Das andere Kind darf nun die Augen öffnen und sich das Steinbild ansehen. Jetzt werden die Steine mit dem Tuch verdeckt und das zweite Kind wird aufgefordert, das verdeckte Bild nachzulegen. Nach Beendigung schauen sich beide die Bilder an, korrigieren nach Lust und wechseln die Rollen.

*Variante:* Die gelegte Form wird „blind" mit den Händen (Füßen) ertastet und dann nachgemalt. Diese Art der Steinwahrnehmung und anschließende Umsetzung ist relativ ungewohnt und bedarf einer größeren Aufmerksamkeit.

### Steindetektive

Die Kinder sitzen im Stuhlkreis, sie sollen als Steindetektive ausgebildet werden. Eine wesentliche Fähigkeit des Detektivs besteht darin, genau hinzusehen und sich alles zu merken. Dazu erhält jeder angehende Detektiv einen Stein, den er sich sehr genau ansehen und ertasten soll. Anschließend werden alle Steine eingesammelt und in beliebiger Reihenfolge wieder ausgeteilt. Jeder Steindetektiv stellt sich nun die Frage: „Ist das mein Stein?". Man gibt die Steine im Uhrzeigersinn weiter, bis man seinen Stein wieder in den Händen hält.

Die Spielleiterin sollte zunächst selbst versuchen, die ausgewählten Steine voneinander zu unterscheiden. Probleme beim Wiederfinden können Anlass sein, über mögliche Merkmale dieser Steine ins Gespräch zu kommen.

Das Spiel ist gut geeignet, die genaue Wahrnehmung zu fördern. In einem Gespräch über das Spiel kann erörtert werden, woran man seinen Stein wiedererkannt hat (Größe, Färbung, Form, besondere Auffälligkeiten). Es ist erstaunlich, dass auch Kinder ihren Stein relativ leicht wiederfinden können, wenn sie sich nur konzentrieren. Je nach Alter der Kinder sollten sich die Steine stark oder weniger stark voneinander unterscheiden.

**Diamantenhöhle** Die Kinder werden zum Diamantensammeln eingeladen. In einer Höhle hat jemand auf dem Boden viele Diamanten entdeckt, leider ist es dort stockdunkel. Aber man kann die Steine finden, wenn man barfuß geht …

Alle Kinder ziehen die Schuhe aus, schließen die Augen oder verbinden sie sich gegenseitig. Der Spielleiter rollt zwei bis drei Handvoll Steine (keine spitzen) auf dem Fußboden aus. Nun kann die Diamantensuche losgehen, mit den Füßen tastend begeben sich die Kinder auf Diamantensuche und sammeln ihre Fundstücke ein. Nach einem (Klingel-)Zeichen können die Kinder ihre gefundenen Diamanten zählen und der Sieger dieser Runde ist der „Diamantenkönig“, eine neue Runde kann beginnen.
Der Spielleiter sollte Verletzungsgefahren ausschließen, dazu eventuell die Gruppe teilen, damit die Hälfte der Teilnehmer an den Wänden stehen kann, um zu verhindern, dass jemand mit geschlossenen Augen dagegen läuft. Das macht auch die Sucher sicherer. Die kleinen Erfolgserlebnisse motivieren die Kinder zum Weitersuchen. Je mehr Spieler teilnehmen, desto mehr Steine sollten auf dem Boden liegen.

**Zauberstein**

Die Kinder sollen die magischen Kräfte der Steine erforschen. Ein eingeweihter Mitspieler geht aus dem Raum. Der Spielleiter berichtet, dieser Mitspieler besitze magische Fähigkeiten und könne erraten, welchen der ausgelegten Steine er mit magischen Sprüchen verzaubert hat. Dazu braucht man etwa 10 walnussgroße, möglichst glatte Steine, die in beliebiger Anordnung auf dem Tisch ausgelegt werden. Ein Mitspieler darf einen Stein auswählen und soll ihn ganz fest in der Hand halten, während der Spielleiter eine ganze Reihe von Zaubersprüchen murmelt. Unterdessen erwärmt sich der Stein, und so ist es nachher leicht, ihn aus den anderen herauszufinden. Der Eingeweihte kommt herein, nachdem der Stein unauffällig zwischen die anderen gelegt wurde, und errät durch Fühlen mit Sicherheit den richtigen. Die Kinder sollen den Trick erraten. Wird das Spiel wiederholt, muss man den ersten Stein herausnehmen, da er die Wärme lange hält.

Etwas ältere Kinder werden nicht mehr an Magie glauben und folglich nach einer natürlichen Ursache des Rätsels forschen. Es gilt, die eigene Intelligenz auf die Probe zu stellen, vielleicht auch selber zu experimentieren. Wer den Trick herausbekommt, gewinnt an Selbstbewusstsein.

**Steintreff** Jedes Kind sucht sich zunächst Steine, die es als die eigenen kennzeichnet (anmalt). Man gräbt eine Mulde in den Boden, einige Meter davon entfernt wird eine Linie markiert. Von dort versuchen alle Mitspieler der Reihe nach, jeweils ein Steinchen in die Mulde zu werfen. Gewonnen hat, wer mit seinem Stein die Mulde getroffen hat. Gelingt es mehreren Spielern gleich viele Steine in die Mulde zu platzieren, kommt es zu einem Stechen. Es wird solange mit Steinen auf die Mulde gezielt, bis eine Entscheidung herbeigeführt ist.
Das Spiel eignet sich auch sehr gut für den Strand. Man sollte allerdings in einem Bereich spielen, in dem der Sand feucht ist. Alternativ kann auch ein Gefäß in den Sand gegraben werden, das dann als Mulde dient.

**Tonketten** Aus Ton können Kinder Kugeln und Formen gestalten, sie mit einer Nadel durchstechen und brennen lassen. Die Kugeln oder Formen können auf Lederbänder gezogen werden und als Schmuck dienen.
Auch können die Kinder gesammelte kleinere Steine als Schmucksteine verwenden, sie anmalen oder mit anderen Materialien Federn, Perlen etc. kombinieren und mit dünnem Draht an Lederbänder als Schmuck befestigen.
Die Bearbeitung eines Tonklumpens, eines Ziegelsteins zu weichem formbaren Material, ermöglicht den Kindern einerseits den Umgang mit einem Grundmaterial „Stein“ und gibt ihnen Gestaltungsmöglichkeit. Ebenso können die Kinder den Wandlungsprozess des Tonsteins durch Einwirkung von Hitze beobachten.

## Geschichten und Gedichte

### Der Kieselstein und die weite Welt

Es war Sommer. Die Sonne schien. Ein Kieselstein lag inmitten vieler anderer Kieselsteine auf einer kleinen Straße, die an Häusern, Gärten und an einer Wiese vorbeiführte.
Da kam ein Wagen daher, und seine Räder schleuderten den Kieselstein in die Wiese hinaus. „Wunderbar!“, sagte der Kieselstein. „Ich habe nicht gewusst, dass die Welt so groß ist!“ Gräser und Blumen nickten, Bienen summten und Käfer brummten. „Hier werde ich bleiben“, sagte der Kieselstein.
Auf der Wiese spielte ein kleiner Junge, er sah den Kieselstein, hob ihn auf und warf ihn hoch in die Luft. „Wunderbar!“, jauchzte der Kieselstein. „Ich bin ein Kieselstein, der fliegt! Ich werde in die weite Welt hinausfliegen!“
Klirr-krach, flog er durch eine Fensterscheibe. „Jetzt hat du mich zerbrochen“, ächzte das Glas. „Warum bist du nicht ausgewichen?“, fragte der Kieselstein. „Siehst du nicht, dass ich in die weite Welt hinausfliege?“ Im selben Augenblick plumpste er nieder. Er lag auf einem bunten Teppich in einem kleinen Wohnzimmer. Der Kieselstein schaute sich um. „Wie seltsam und großartig ist die Welt“, sagte er. „Hier will ich bleiben. Das ist der richtige Platz für einen besonderen Kieselstein wie mich!“
Kaum hatte er ausgesprochen, kam eine Frau ins Zimmer, sah die Bescherung, packte den Kieselstein und warf ihn aus dem zerbrochenen Fenster in den Garten. „Schon wieder fliege ich!“, rief der Kieselstein. „Wo werde ich jetzt hinkommen? Das ist ja ungemein aufregend und spannend!“ Plopp! landete er auf der Straße mitten unter den anderen Kieselsteinen. „Die haben ja keine Ahnung, wie groß die Welt ist“, dachte der Kieselstein. Und er lag da und kam sich ganz besonders vor!

**Der Stein**

Ein kleines Steinchen rollte munter
von einem hohen Berg herunter.
Und als es durch den Schnee so rollte,
ward es viel größer, als es wollte.
Da sprach der Stein mit stolzer Miene:
„Jetzt bin ich eine Schneelawine."
Er riss im Rollen noch ein Haus
und sieben große Bäume aus.
Dann rollte er ins Meer hinein,
und dort versank der kleine Stein.
*Joachim Ringelnatz*

**Fünf Steine**

Ein glatter Stein,
ein Stein, der rollt
im Wasser
hin und her
so bunt
so rund
und rundum schlicht
mal groß, mal klein:
der Kieselstein

Ein edler Stein,
ein Stein von Wert
geschliffen
voller Glut
so rein
so fein
mit stolzem Glanz
in deiner Hand:
der Diamant

Ein harter Stein,
ein Stein wie Eis
geschnitten
aus dem Fels
so alt
so kalt
doch voller Pracht
kann er nur sein:
der Marmorstein

Ein Wunderstein,
ein Stein, der steht
für Fantasie
so groß
so bloß
und rundum schwer
fällt er dir ein:
der Hinkelstein

Ein dunkler Stein,
ein Stein wie Dreck
aus manchem
Material
so rau
so grau
so kantig hart
und nicht sehr fein:
der Schotterstein
*Eckart Bücken*

## Steinzungenbrecher

Staunend stand ich am Gestade,
stieß den Stock an einen Stein.
Stoß dich nicht am spitzen Stein.

Es saßen zwei zischende Schlangen
zwischen zwei spitzen Steinen und
zischten vor zwitschernden Vögeln
auf dem Zwetschgenbaum.

## Steinmeditation

Jeder von uns hat einen Stein in der Hand.
Es sind ganz unterschiedliche Steine, kleine und größere Steine,
flache Steine, andere sind mehr wie eine Kugel.
Die Steine sind so unterschiedlich, wie wir unterschiedlich sind,
wir sind eine Gemeinschaft und doch ist jeder anders.

Ein Stein ist hart, er kann weh tun,
man kann sich an ihm verletzen,
wir können auch hart zueinander sein,
auch wir können einander Verletzungen zufügen.

Der Stein in eurer Hand soll aber nicht dazu dienen,
sich damit zu bewerfen.
Er ist nicht dazu gedacht, dem anderen eine Beule zuzufügen.
Der Stein in euren Händen ist ein Stein des Anstoßes.
Er soll ein Stein sein, an dem man sich stößt.

Auf dem Stein steht das Wort „Du".
Der Stein spricht dich an.
Er redet zu dir.
Er sagt: „Du, stopf mich in die Tasche!"
Ich werde dich drücken, ich werde unbequem in deiner Tasche sein.
Du denkst vielleicht, das ist mir zu lästig, ich werfe ihn weg.

Aber damit vergibst du eine Chance.
„Ich bin nämlich ein Stein, der dich anstoßen will."
Ab und an werde ich dir sagen:
Wenn du dich nicht für eine bessere Gemeinschaft einsetzt, macht es vielleicht keiner.

Oder ich werde dir sagen:
Schau um dich, ob du einen findest, den vielleicht keiner leiden mag.
Du, ändere das!

Es gibt bedeutende und sehr wichtige Leute in der Schule, in der Stadt, …
Der Stein sagt dir: Du, auf dich kommt es an, du bist wichtig.

Vielleicht denkst du manchmal: Andere haben viel mehr Geld als ich, andere können mehr als ich. Trotzdem sagt der Stein dir: du wirst gebraucht.
Blicke um dich, es gibt Menschen, die dich brauchen.

Du bist manchmal unsicher, ein anderes Mal fühlst du dich siegessicher, du bist traurig und niedergeschlagen,
und dann bist du wieder einer, der die Welt aus den Angeln heben könnte.
Manchmal denkst du vielleicht: Ich tauge nichts und dann wieder: Ich kann alles.
Dann sagt der Stein dir: Du, hab Vertrauen, du, hab Hoffnung.

Oft sind wir vergesslich. Was wir jetzt im Augenblick ganz bestimmt anpacken wollen, haben wir nachher völlig vergessen. Der Stein ist hartnäckig, unbequem und lässt sich nicht erweichen. Er sagt dir: „Du wolltest noch etwas tun."

Wenn du gleich den Raum verlässt, dann kannst du den Stein wegschmeißen. Dann bist du den lästigen Mahner los, und dir ist alles egal. Aber dann spricht dir auch keiner mehr Mut zu, wie der Stein. Er sagt dir immer wieder: „Du wirst gebraucht."

Die Klasse (Gruppe) braucht dich,
die Familie braucht dich,
die Clique braucht dich,
der Freund, die Freundin braucht dich.

Und noch eins: Wenn du den Stein in die Hand nimmst und sagen kannst: Du, ich hab dich nicht vergessen – dann freust du dich darüber. Und diese Freude wünsche ich dir und uns.[17]

## Über die Steine

Die Edelsteine und Juwelen entstehen in der Gegend des Orients und in den Gegenden, wo allzu große Hitze der Sonne herrscht. Denn die Berge jener Gegenden haben durch die Sonnenhitze eine große Wirkung wie Feuer. Auch die Flüsse, die in jenen Landstrichen fließen, sieden beständig durch die allzu große Hitze der Sonne …
Wenn dann die Überschwemmung aufhört, so dass die Wasser wieder in ihr Flussbett zurückkehren, dann wird der Schaum ausgetrocknet, der an verschiedenen Stellen den Bergen anhaftete. Dies geschieht durch die Sonnenwärme, gemäß den verschiedenen Stunden des Tages und gemäß der verschiedenen Wärme jener Stunden. Daher erhalten auch die Steine gemäß der unterschiedlichen Wärme ihre Farben und Kräfte …
Wie Gott den Adam zu einer besseren Beziehung wiedergewann, so ließ Gott weder die Schönheit noch die Kraft dieser Edelsteine zugrunde gehen, sondern er wollte, dass sie auf der Erde seien zu Ehre und Segnung und für die Heilkunst.
*Hildegard von Bingen (1098–1179)*

---

[17] Der Text entstand in einer Arbeitsgruppe mit Studenten.

# Wald

Der Wald hat auf allen Ebenen des Daseins eine große Bedeutung für den Menschen. Mit seinen unterschiedlichsten Bäumen und Pflanzen ist er die große natürliche Klimaanlage. Er produziert den Sauerstoff, den die Menschen zum Atmen brauchen und er filtert den Schmutz aus der Luft, hält die Luft kühl und feucht. In einem Gedicht eines 9-jährigen Kindes drückt sich die Bedeutung des Waldes für Körper und Seele des Menschen auf eine eindruckvolle Weise aus: „Gäbe es keinen Wald, würden wir nicht alt! Ohne Wald und Bäume, hätten wir keine Träume! Die Welt wär traurig und leer, wenn der Wald nicht wär!"
Der Nutzen und Dienst des Waldes war für die Menschen früher sicher deutlicher spürbar als heute, da der Wald das Brennholz und das Bauholz für die Wohnstätte direkt und unmittelbar lieferte, nur so konnten sich Lebensgemeinschaften bilden und entwickeln. Vielfach und in unkontrollierter zerstörerischer Weise wird das Holz des Waldes heute für Produktionszwecke (Papier, Möbel etc.) genutzt, ohne das an den nachhaltigen Erhalt des Lebensraumes „Wald" für die Zukunft gedacht wird. Aus Geldgier und Ordnungssinn werden achtlos Wälder und Bäume gefällt, ohne die kurz- und langfristigen Folgen zu bedenken.
Nicht nur für das materielle Wohl des Menschen ist der Wald überlebenswichtig, er dient dem Menschen auch als Oase für das Wohlbefinden, als Kraft und Erholungsspender. Durch die Urkraft der Natur bietet er dem Auge, den Sinnen eine Vielfalt an Eindrücken und sinnlichen Erlebnissen, wie sie von Menschenhand in dieser vielschichtigen Einmaligkeit nicht nachzuahmen sind. So bieten Formen, Farben und Flächen dem Menschen die Möglichkeit des Eintauchens in die Wahrnehmungswelt Wald-Natur. Das Zusammenspiel des Lebensraumes Wald ist faszinierend einfach und dennoch hochdifferenziert. Alles hängt mit allem zusammen, bedingt sich und ist von-

einander abhängig. Der Wald macht uns dieses Zusammenspiel des Lebens auf eine einfache und deutliche Weise erkennbar.
Die vier Stufen eines gesunden natürlichen Waldes sind:

1. die Baumschicht: alle Arten von Bäumen, die sich bis zu 50 m Höhe entwickeln können,
2. die Strauchschicht: Haselnuss, Himbeeren, Brombeeren …,
3. die Krautschicht: Gräser, Farne, Kräuter …
4. die untere Moosschicht.[18]

Alle vier Pflanzenschichten bilden den Wald, verbinden mit ihrer wachsenden aufstrebenden Weise die Erde mit dem Himmel. Alles Leben, und das zeigt sich auch im Wald, richtet sich nach dem Licht, nach der Sonne. Pflanzen und Menschen suchen ihre ganz eigenen

[18] vgl. Kohlwey/Moers, 1998

Wege. Die Weise, den Weg zu finden, ist unterschiedlich, hängt ab von der Art, dem Charakter und den ganz spezifisch notwendigen und gewünschten Lebensbedingungen. Immer weniger wird die Kraft, der Wert der Natur, des Waldes, als Lebenselixier vom Menschen bewusst erkannt, genutzt, geschützt und geachtet.

**Umweltkommunikation: Fragen zum Gespräch**
Was ist ein Wald?
Warum ist er für den Menschen wichtig?
Was kann der Wald alles?
Was ist gut für den Wald und was ist schlecht?
Was wäre, wenn die Menschen keinen Wald hätten?

*Ziel:* Der Wald mit seinen Pflanzen und Tieren als Naturlebensraum, als Beispiel für lebensspendende Zusammenhänge und Kreisläufe, soll beobachtet und bewusst wahrgenommen werden.

## Spiele und Übungen

**Waldschatzkiste** Die Kinder werden gebeten, sich für eine Waldschatzkiste einen Karton mit Deckel, z. B. Schuhkarton, zu organisieren. So ausgerüstet geht es auf einen Waldspaziergang, um die Besonderheiten des Waldes genau zu beobachten und kleine Schätze zu sammeln. Natürlich sollen die Kinder sehr behutsam mit der Natur umgehen, nicht zerstörerisch eingreifen. Nach dieser Einführung wird jedes Kind aufgefordert, für die eigene Schatzkiste Waldschätze zu sammeln, kleine Äste, Blätter, Moosflächen, etc. Die Kinder können aber auch Ideen, Geschichten, gemalte Bilder und Gedichte in ihre Waldschatzkiste legen. Später gibt es dann eine „Waldschatzkistenausstellung“ und jedes Kind kann etwas zu seiner Schatzkiste erzählen.

**Waldoase**

Auf einem Waldausflug werden die Kinder gebeten, sich eine ganz besonders schöne Stelle auszusuchen, an der sich alle auf den Boden legen, um auf die Geräusche des Waldes zu hören (eventuell Decken unterlegen). Alle schließen die Augen, um zunächst einmal den Waldboden unter ihrem Körper zu spüren. Anschließend lauschen alle auf die Geräusche des Waldes, auf die „Waldmusik“, dabei sollen die ganz unterschiedlichen Laute und Töne aus allen Richtungen beachtet werden.
Die Kinder werden gebeten, sich diese Eindrücke zu merken, genau einzuprägen, die „Waldmusik“ mit nach Innen zu nehmen um sich auch später daran er-innern zu können.
Nach Wunsch können anschließend Waldmusikbilder gemalt werden.

**Baumalter**

Mit den Kindern sucht man sich einen möglichst frisch gefällten Baumstumpf aus oder man wählt eine Scheibe eines gefällten Baumes. Das Alter eines Baumes kann man anhand seines Querschnittes oftmals sehr gut erkennen. Mit einer Lupe kann man ganz genau die Jahresringe anschauen, mit Stecknadeln die Abstände markieren. Bei der Bestimmung des Baumalters wird von der Mitte aus vorgegangen (also vom Kernholz aus) und nach außen weiter gezählt. Kinder haben oft kaum eine Vorstellung von der Dimension an Jahren, wenn ein Baum etwa 80 oder 100 Jahre alt ist. Sie werden aufgefordert, aus der Sicht des Baumes zu den einzelnen Jahren Fantasiegeschichten zu erzählen oder aber Geschichten, Erinnerungen aus ihrem Leben.

**Rindenbild**

Die Kinder werden eingeladen, allein oder in einer Kleingruppe, im Wald einen Baum mit einer markanten Rindenstruktur zu suchen. Ein Stück festes Papier wird an die Rinde eines Baumes gehalten. Mit Wachsmalstiften malen die Kinder nun vorsichtig über das Papier auf dem sich nun die Oberflächenstruktur der Rinde erkennen lässt. Als Alternative kann man von der Rinde des Baumes einen Abdruck aus Knete machen.

*Variante:* Den Kindern werden in Kleingruppen unterschiedliche Bäume zugewiesen, von denen sie Rindenbilder erstellen sollen. Dieses soll so geschehen, dass die anderen Kinder den Standort des Baumes nicht sehen. Nach der ersten Runde werden die Rindenbilder ausgetauscht. Jetzt versuchen alle Kinder anhand der Rindenbilder den entsprechenden Baum zu finden.

**Blätterbild-Frottage**

Die zuvor gesammelten Laubblätter werden mit der Blattunterseite nach oben auf den Tisch gelegt. Darüber wird das feste Papier gegeben. Nun malt man mit einem Wachsmalstift leicht über das Papier, so dass man schließlich die Struktur des Blattes, die Blattadern, erkennen kann.

**Waldbuch**

Jedes Kind kann sich ein „Waldbuch“ zusammenstellen. In dieses Waldbuch können die Kinder alles, was sie zum Thema Wald finden, einheften, einkleben, malen etc., das Waldbuch nach ihren ganz eigenen Ideen und Fantasien gestalten.

**Bäume im Jahreszeitenwechsel**

Die Kindern werden gebeten, Fotos und Bilder von Bäumen zu allen Jahreszeiten zu sammeln. Die Fotos / Kopien werden dann allen gezeigt und in einem auf den Boden ausgelegten „Jahreszeitenkreis“ mit entsprechend gekennzeichneten Vierteln – Frühling, Sommer, Herbst, Winter jahreszeitlich zugeordnet. Über die Besonderheiten, die sich auf diesen Bildern zeigen, über die Lebenszyklen – säen, wachsen, ernten, sterben – kann dann gesprochen werden.
Die Kinder können aber auch ihre Vorstellungen in eigens gemalten Bildern zum Thema Baum o.a. mitteilen, indem sie aufgefordert werden, zu jeder Jahreszeit den Gegenstand speziell zu malen (blühend, im Saft stehend, verfärbend, kahl) und dazu auch die umliegende Vegetation (Blumen im Frühjahr, saftige Sommerwiese mit Tieren, Blätter auf dem Untergrund im Herbst, Kahlheit und / oder Tiere im Win-

ter) bzw. den eher anzutreffenden Wettertypus (Sonne / Wolken oder Regen / Schnee etc.).

**Musikinstrumente aus Waldmaterialien**

Aus Gegenständen des Waldes können verschiedene Musikinstrumente selbst erstellt werden. Einige sind aufgrund ihrer Struktur sofort nutzbar, andere etwas aufwändiger herzustellen. Einige Beispiele verdeutlichen das:

*Grashalm-Pfeifen:* Es wird ein langer und breiter Grashalm gesucht, quer gehalten zwischen die Lippen geführt, diese werden gespitzt und Luft durchgeblasen.

Wie auf einem Grashalm kann man auch auf einer Eichelkappe flöten oder pfeifen.

*Klangstäbe:* Es werden verschieden lange und dicke Stöcke gesucht, dazu ein quer liegender Baumstamm, wenn dieser sogar ausgehöhlt ist, ist er noch ein besserer Resonanzraum. Die Stöcke können als Klangstäbe eingesetzt werden, während sie auf den Baumstamm geschlagen werden. Dazu passt ergänzend das Baumtelefon-Spiel (S. 129).

*Resonanzraum:* Daumen und Zeigefinger bilden einen Kreis und der Rest der Hand bildet einen Hohlraum. Ein Blatt wird auf eine kreisrunde Fläche einer Hand gelegt. Mit der anderen Hand wird flach auf das Blatt geschlagen und so ein Ton erzeugt.

*Weidenflöte:* Ein dickerer Weidenstamm wird auf eine Länge von 10 bis 20 cm geschnitten; er sollte möglichst astfrei sein. Die Rinde wird befeuchtet und mit einem Messerrücken beklopft; dabei wird vorsichtig die Rinde vom Aststück abgezogen. Die abgezogene Rinde wird mehrfach eingekerbt, so dass sie einer Flöte gleicht. Am unteren Ende wird ein kleines Stück (ca. 1-2 cm) Aststück wieder eingefügt. Bläst man nun in die Rinde hinein und bewegt das Aststück darin, kann man unterschiedliche Töne erzeugen.

**Waldrallye**

Für eine Waldrallye können verschiedene Aufgaben (beobachten, sammeln, erkennen ...) zusammengestellte werden. Wichtig ist es, vor dem Start auf das richtige Verhalten von Waldfreunden hinzuweisen.

1. Sammelt unterschiedliche Blätter. Wenn ihr sie schon mit Namen kennt, bringt bitte Blätter folgender Baumarten: Birke, Eiche, Kastanie, Ahorn, Buche, (Eber-)Esche.
2. Ihr sollt stehen bleiben, euch ganz ruhig verhalten und zwei Minuten lang die Geräusche des Waldes in euch aufnehmen. Bitte beschreibt aufzählend, was ihr gehört habt.
3. Auf dem weiteren Weg sollt ihr drei verschiedene Gewächse aus dem Unterholz (Büsche o.a.) bzw. vom Boden (Blumen, Gräser o.a.) sammeln und bestimmen.
4. Sammelt mindestens einen Gegenstand, welcher für einen Wald „untypisch“ ist, was also nicht in einen Wald gehört.
5. Sucht Tierspuren und skizziert sie.

6. Wie viele Farben hat der Wald? (Sammelt Blätter und Gegenstände mit den unterschiedlichsten Farben).

**Wald-Kunstwerke**

Man kann aus allen möglichen Materialien des Waldes Bilder bzw. Kunstwerke herstellen. Materialbeispiele: Eicheln, Kiefer- und Tannenzapfen, Kastanien, Blätter, Zweige …
Aus diesen Materialien lassen sich leicht Kunstbilder, Fantasieskulpturen, Eichelmännchen, Kastanienmännchen, Blättercollagen usw. herstellen.

**Tastdomino**

Auf die Blanko-Kärtchen werden gut ertastbare Gegenstände des Waldes aufgeklebt (z. B. Rindenstückchen, Zweige, Blätter etc.). Wie beim Dominospiel können nur gleiche Felder aneinandergelegt werden. Jedes Feld muss also mindestens zweimal hergestellt werden. Ausnahmen sind die Anfangskarte und die Endkarte, die nur in einfacher Ausführung gebraucht werden.
Der Verlauf des Spiels gestaltet sich wie beim Domino-Spiel. Allerdings soll beim Tastdomino, wie der Name bereits verrät, mit geschlossenen oder verbundenen Augen, also nur durch das Ertasten der einzelnen Gegenstände, eine Domino-Kette gelegt werden. Möglicherweise ist es sinnvoll, dass einer der Mitspieler mit geöffneten Augen spielt, um Hilfen geben zu können. Bei kleineren Kindern kann man das Spiel erleichtern, indem sie die Gegenstände zunächst nicht ertasten, sondern das Spiel mit geöffneten Augen ausprobieren können. Im Anschluss daran können sie ihr Gefühl mit verbundenen Augen testen.

**Wald-Fühlpfad**

Wald kann intensiv mit allen „Sinnen“ erfahren werden.
Zu diesem Zweck braucht man lediglich ein ausgesuchtes Stück gut begehbaren Wald mit einem abwechslungsreichen Untergrund. Bestehender Baumbestand, herumliegende Äste und Kleingegenstände sollen bei diesem Spiel der Sinne eingebaut werden.

Es werden Zweiergruppen gebildet, wobei das eine Kind die Augen schließt (Augenbinde) und das zweite Kind das erste Kind durch das Waldstück führt. Dabei bestimmt das zweite Kind, was das erste Kind „begehen", also fühlen soll. Gefahren werden ausgeschlossen, indem dem geführten Kind verbal Unebenheiten und möglichen Gefährdungen, wie etwa Brennnesseln, Dornen, Steine oder Löcher und plötzliche Erhebungen mitgeteilt werden. Nach einer zuvor festgesetzten Zeit wechseln die jeweiligen Partner die Rollen.
Haben alle Kinder den Fühlpfad durchlaufen, so können sie über ihre Eindrücke mit der ganzen Gruppe oder in Teilgruppen sprechen.
Modifizierbar ist das Spiel zum einen dadurch, dass unterschiedliche Untergründe durchlaufen werden, die in einem Waldstück vorhanden sein können: Waldboden, Graben, Wasserstellen, Gras, Wege o. Ä. Außerdem können neben dem Ertasten des Walduntergrundes auch Hände, Nase und Ohren eingesetzt werden, um mit möglichst vielen Sinnen den Wald fühlbar und somit bewusst erfahrbar zu machen.

**Waldfoto-Suchspiel**

Es werden vorbereitend Gegenständen aus dem Wald, die prägnant erscheinen und gut wiederzuerkennen sind, wie z. B. prägnante Bäume, Baumstümpfe und andere Pflanzenansammlungen, Hecken, Moose etc., fotografiert. Die Kinder werden in zwei Gruppen aufgeteilt und sollen nach Richtungsvorgabe im Rahmen von ca. 100 Metern mittels drei der ausgewählten Fotos die Gegenstände finden.
Mit Kindern einer Gruppe oder Klasse kann dieses Spiel in ähnlicher Weise ausgeführt werden. Dazu ist es notwendig, ein – wenn auch kleines – Waldareal möglichst in der Nähe ausfindig zu machen, die speziell herausgesuchten Naturgegenstände zu fotografieren und auszuwerten. Empfehlenswert ist es, wenige Tage zuvor eine nicht beteiligte Person hinzuzuziehen, um dieses Spiel zu erproben, da das Wiederentdecken der Gegenstände sehr schwer sein kann, was u.a. mit dem unterschiedlichen Lichteinfall oder mit der Fortentwicklung in der Vegetation zusammenhängt.

Alle entwickelten Fotos sollten in einem räumlich auf etwa 200 Meter begrenzten Areal gemacht werden.

**Waldfühlboxen**

Im Wald können die Kinder einmal ganz aufmerksam mit ihren Händen den Wald ertasten, dabei sollten sie die Augen schließen, um sich wirklich nur auf das Fühlen ihrer Hände zu konzentrieren. Um das „Waldfühlen“ mitzunehmen, können Fühlkisten gefüllt werden. Die Fühlbox nennt sich auch ‚Black-Box‘ und ist als Kim-Spiel bekannt. Fühlkisten lassen sich zu allen möglichen Themenkreisen herstellen (z. B. Wald, weich, hart, rau, Wiese, Früchte, usw.) In die Schuhkartons wird jeweils ein Loch hineingeschnitten, so dass die Kinder später leicht in den Karton hineingreifen können. Die Kartons werden in einer Reihe aufgestellt und gefüllt. Beim vorliegenden Thema ‚Wald‘ bieten sich Tannenzapfen, Moos, Gräser, Eicheln, Zweige

usw. als Füllmaterialien an. Es sollte darauf geachtet werden, dass sich keine verletzenden oder 'ekeligen' Materialien in den Kisten befinden, die das Vertrauen der Kinder zerstören können. Wichtig ist, dass die Kartons einen Deckel tragen, damit die Kinder nicht erkennen können, was sich in der Box befindet.
Der Reihe nach können nun alle Kinder ertasten und spüren, was sich in den Fühlkisten befindet und wie es sich anfühlt.

**Der Ariadne-Faden**

Im Wald wird ein Faden, der Ariadne-Faden, etwa in Handhöhe gespannt. Zunächst wird festgelegt, auf welcher Seite der Schnur gegangen wird. Jedes Kind soll nacheinander an der Schnur entlang laufen, das nächste Kind folgt erst mit angemessenem Abstand. Schließlich ist darauf zu achten, dass jedes Kind unterschiedlich viel Zeit benötigt, die es auf jeden Fall auch haben sollte. Dem Kind, welches an der Reihe ist, werden vorher die Augen verbunden. Wenn es

die Witterung und die Bodenbeschaffenheit erlauben, sollen die Kinder barfuß laufen, um auch das Laufgefühl auf dem Boden zu erfassen. Während des Vorgangs soll es ruhig sein, damit die Kinder sich besser auf die Sinneserfahrung einlassen können.
Das Spiel ist modifizierbar, da die Schnur auch in unterschiedlichen Höhen angebracht werden kann, wenn die Strecke sorgfältig ausgesucht wurde (Bäume, Büsche, über dem Boden o.a.). Nachdem alle Kinder die Strecke abgegangen sind, soll mit ihnen über ihr gewonnen Eindrücke gesprochen werden: Wie fühlten sich die Bäume, Sträucher, der Boden an? Wie war die Strecke blind zu schaffen, was war schwierig, was war besonders schön? Wie fühlte sich der Untergrund an, was gab es da zu fühlen (Gras, Moos, Blätter, Früchte u.a.)? Welche Dinge haben am meisten fasziniert / beeindruckt?
Der Name des Ariadne-Spiels geht auf eine griechische Sage zurück: „Ariadne war eine kretische Königstochter, die dem jungen Griechen Theseus beim Kampf gegen den wilden Minotaurus helfen wollte. Als er den Kampf mit dem wilden Ungeheuer aufnahm und ihn in dessen berüchtigtem Labyrinth suchte, gab Ariadne ihm ein Wollknäuel mit, dessen Ende am Ausgang des Labyrinths festgeknotet war. Theseus traf auf Minotaurus, tötete ihn und fand anhand des Fadens aus dem Labyrinth zurück“.[19]

**Baumtelefon: Sprache der Bäume**

In einem Wald wird ein liegender Baumstamm, vorzugsweise von einem Laubbaum und, um Verletzungen zu vermeiden, möglichst astfrei, gesucht und ausgewählt.
Das Spiel kann mit der ganzen Gruppe, aber auch in kleinen Gruppen gespielt werden. Bei einer größeren Gruppe soll darauf geachtet werden, dass der Baum für alle Beteiligten lang genug ist, damit alle den Baum „hören“ können. Der Spielleiter / ein einzelnes Kind aus der Gruppe, stellt sich an ein Ende des Baumstammes. Alle anderen

[19] siehe Frädrich/Loewenfeld, 1994

Kinder reihen sich auf, dabei drehen sie dem Spielleiter den Rücken zu. Auf ein Kommando legt jedes Kind ein Ohr an den Baumstamm. Der Spielleiter produziert verschiedene Geräusche auf dem Stamm: Kratzen mit Fingernägeln oder einem Stock, leise klopfen, mit einem Stock am Stamm reiben. Die anderen Kinder heben den Arm, wenn sie etwas gehört haben. Dabei können die Geräusche auch so gemacht werden, dass sie häufiger aufeinander folgen.

**Waldgeschichte „Waldchaos"**

Die Kinder werden aufgefordert, eine Waldgeschichte zu schreiben, die vom „Chaos" und der „Unordnung" erzählt. Einführend wird den Kindern berichtet: „Im Wald ist es wie bei den Menschen, alles hängt mit allem zusammen und alle müssen auf alles aufpassen … In einem Lebensraum sind alle Lebewesen von einander abhängig. Ein einfaches Beispiel: Die Brennnessel dient den Raupen von Nachtschmetterlingen als Nahrung, die Schmetterlinge werden von den Fledermäusen gefressen, diese wiederum von einem Marder. Der Marder schmeckt einem Uhu. Der zu Boden fallende Vogelkot, ebenso wie alle toten tierischen und pflanzlichen Überreste, werden von Pilzen und Bakterien in Erde umgewandelt, die den Pflanzen, natürlich auch der Brennnessel, als Nährstoff dient. Stell dir vor, ein Glied dieser Kette fällt weg, was passiert?" Jetzt können die Kinder ihre Waldgeschichte von der Unordnung im Wald erzählen oder schreiben: „Die verdrehte Welt im Wald", eine Fantasiegeschichte in Bildern oder Worten.

## Geschichten und Gedichte

**Das Lied vom Wald**

Komm in den Wald
und lausche da.
Er singt sein Lied, sein altes.
Durch die Kronen fern und nah,
da schallt es und da hallt es:
Susumm, susu!
Susumm, susu!
Hörst du?

Geh tiefer in den Wald hinein,
dorthin wo Quellen springen.
Da hörst du ihn ganz voll
und rein,
sein Lied noch lauter singen:
Susumm, susu, susu, susu!
Susumm, susu, susu, susu!
Hörst du?

Geh weiter in den tiefsten Wald,
wo morsche Stämme liegen.
Da tönt und dröhnt es,
hallt und schallt
im weichen Wipfelwiegen:
Susummseru, susummseru!
Susummseru, susummseru!
Hörst du?

Sitz nieder,
wenn der Tag sich neigt,
am dunklen Waldessaume.
Da singt und klingt,
wenn alles schweigt,
das Lied von Baum zu Baume:
Susumm, susu!
Susumm, su!
Su …
Hörst du?
*James Krüss*

**Waldrätsel**

Am Waldrand unterm Tannenbaum,
da gibt's ein Hügelhaus zu schaun.
Aus Reisig ist es aufgebaut
vom Nadelbaum und Heidkraut.
Das Bauvolk drin schafft nimmermüd',
es schleppt und schleift, es zerrt und zieht
und kribbelt und krabbelt, kriecht und rennt.
Weißt du, wie man das Völkchen nennt?
(Die Ameisen)

**Die grüne Stadt**

Ich weiß euch eine schöne Stadt,
die lauter grüne Häuser hat.
Die Häuser, die sind groß und klein,
und wer nur will, der darf hinein.

Die Straßen, die sind freilich krumm,
sie führen hier und dort herum,
doch stets gerade fortzugehn,
wer findet das wohl allzuschön?

Die Wege, die sind weit und breit
mit bunten Blumen überstreut;
das Pflaster, das ist sanft und weich,
und seine Farb' den Häusern gleich.

Es wohnen viele Leute dort,
und alle lieben ihren Ort,
ganz deutlich sieht man dies daraus,
dass jeder singt in seinem Haus.

Die Leute, die sind alle klein;
denn es sind lauter Vögelein,
und meine ganz grüne Stadt, –
sag, welchen Namen sie wohl hat?
*Ernst Ortlepp*

## Ich ging im Walde

Ich ging im Walde
so für mich hin,
und nichts zu suchen,
das war mein Sinn.

Im Schatten sah ich
ein Blümlein stehn,
wie Sterne leuchtend,
wie Äuglein schön.

Ich wollt' es brechen,
da sagt' es fein:
Soll ich zum Welken
gebrochen sein?

Ich grub's mit allen
den Würzlein aus,
zum Garten trug ich's
am hübschen Haus.

Und pflanzt' es wieder
am stillen Ort;
nun zweigt es immer
und blüht so fort.
*J. W. von Goethe*

## Ein Männlein steht im Walde

Ein Männlein steht im Walde
ganz still und stumm,
es hat vor lauter Purpur
ein Mäntlein um.
Sag, wer mag das Männlein sein,
das da steht im Wald allein
mit dem purpurroten Mäntelein?

Das Männlein steht im Walde
Auf einem Bein
Und hat auf seinem Haupte
Schwarz Käpplein klein.
Sag, wer mag das Männlein sein,
das da steht im Wald allein
mit dem kleinen, schwarzen Käppelein?
*Hoffmann von Fallersleben*

**Wälder**

Wälder erzittern unter der Axt,
Milliarden von Bäumen fallen,
der Lebensraum von Tieren und Vögeln
wird verwüstet,
die Flüsse versanden und trocknen aus,
unwiederbringlich verschwinden
wunderbare Landschaften …
Vielleicht ist es ja komisch,
aber wenn ich an den Bauernwäldern
vorbeifahre,
die ich vor dem Kahlschlag
gerettet habe,
dann wird mir bewusst,
dass das Klima auch ein wenig
in meiner Macht steht und dass,
wenn die Menschen nach tausend Jahren
glücklich sein werden,
auch ich ein wenig Schuld bin …
*Anton Tschechow, Onkel Wanja 1896*

# III. Umweltaktionen

## Umweltpass

Ein Umweltpass für Kinder hat zum Ziel, das kindliche Umweltbewusstsein im Sinne einer positiv elementaren Umweltbildung zu fördern. Der Umweltpass ist als eine innere und äußere kindliche „Umwelt-Bewegung“ gedacht. Das positive Umweltbewusstsein der Kinder soll mit kleinsten Elementarerlebnissen, und dazu gehören auch kindliche Gespräche und Reflexionsprozesse, grundlegend gefördert werden. Das Gefühl der eigenen Kompetenz und Selbstwirksamkeit im Gemeinschafts- und Gesellschaftskontext muss sich im Elementar-/Primarbereich auf vielen Ebenen, auch im Sinne der nachhaltigen umweltgerechten Entwicklung (Agenda 21), auf sehr einfache Weise bilden können. Dazu bedarf es vieler kleiner Bausteine, der Umweltpass ist einer dieser Bausteine.

- Im ersten Schritt sollen die Kinder sich als „Umweltfreunde“ fühlen und bekennen lernen. Sie können darüber nachdenken und mit anderen ins Gespräch kommen, diskutieren, was es bedeuten kann, ein Umweltfreund, eine Umweltfreundin zu sein, der Aufbau einer positiv nachhaltigen Umgangskultur, der gute Umgang mit Mensch, Natur und Dingen ist das Ziel.
- Im Umweltpass stehen dann sechs umweltfreundliche „Verpflichtungen“, die auch schon von Kindern verstanden und diskutiert

werden können. Diese „Verpflichtungen" sollen als Gesprächs- und Denkanstoß dienen, als Hilfe, um auf der nächsten Seite des Umweltpasses ganz persönliche Ziele und Vorsätze formulieren zu können.

- Die Seite, auf der die Kinder eintragen oder malen, was sie persönlich tun möchten, soll im Sinne einer vom Kind selbstständig entwickelten Vorstellung gestaltet werden. Für die eigenen Vorsätze soll es keine Vorschriften und keine Kontrolle geben, die Selbstverpflichtung und Selbstkontrolle, die Förderung der Verantwortungsübernahme wird angestrebt.

Wünschenswert wäre es, wenn möglichst viele Kinder zu Umweltfreunden werden wollen, wenn sie durch die Umweltpässe in den Schulen, Kindergärten und anderen Orten über die Pflege der Umwelt diskutieren und ihren eigenen Handlungsrahmen erkennen und wahrnehmen.

hinten

WENN VIELE LEUTE
AN VIELEN ORTEN
VIELE KLEINE SCHRITTE TUN,
DANN WERDEN SIE
DAS GESICHT DER ERDE
VERÄNDERN.

*Sprichwort*

vorne

# UMWELTPASS

## VON

____________________________

innen links

*Ich bin eine Umweltfreundin,*
*ein Umweltfreund !*

*Ich möchte mich an der Umwelt freuen,*
*dort spielen und etwas Schönes erleben !*

*Ich möchte alles Leben schützen !*

*Ich möchte nichts verschwenden !*

*Ich möchte, dass die Natur und Umwelt für*
*alle Menschen und Tiere da ist, deshalb*
*möchte ich sie schützen !*

*Ich möchte nichts zerstören !*

*Ich will helfen, dass etwas Neues wächst !*



innen rechts

## Was kann Ich tun ?

*Hier kannst Du eintragen oder malen,*
*was Du für die Natur und Umwelt tun möchtest !*

**Ich möchte** ________________________

**Ich heiße** ________________________

*Ich bin eine Umweltfreundin,*
*ein Umweltfreund !*

# Umweltfest

Umweltfeste können an Schulen, Kindertagesstätten, Kindergärten und anderen beliebigen Institutionen durchgeführt werden. Die üblichen Schul- und Sommerfeste könnten zum Themenfest, das alle berührt, nämlich zum „Umweltfest“, erweitert werden. Durch die Initiierung und Durchführung von „Umweltfesten“ können sich Erwachsene und Kinder generations- und fächerübergreifend dem Thema Umwelt mitbestimmend und gestaltend nähern. Sie bauen auf diese Weise ein positives Verhältnis zum Thema Umweltschutz als Lebensstil auf. Den Festtag sollten Kinder und Erwachsene mit vielen selbstorganisierten und gestalteten Stationen in der direkten handelnden Auseinandersetzung mit der Natur und Umwelt auf unterschiedlichste Weise erleben können.

Ziele des Umweltfestes sind:

- die Förderung der bewussten Natur- und Umweltwahrnehmung, des positiven Umweltbewusstseins durch Stationen und Spiele zu Themen der direkten Natur- und Umweltwahrnehmung, zu Themen des Natur- und Umweltschutzes.
- die Förderung der Verantwortungsbereitschaft und des Zusammenhangdenkens durch mitbestimmende Planung, Organisation und Durchführung von Aktionen, Spielen und Stationen.

Um die Umweltwahrnehmung und die Umweltverantwortung zu fördern, brauchen Kinder die Basisfähigkeiten der allgemeinen bewussten Wahrnehmung und Verantwortung. Sie müssen auf kindgerechte Weise zunächst einmal lernen, Menschen, Lebewesen und Dinge ihrer Umgebung bewusst wahrzunehmen, wertschätzend damit umzugehen, um überhaupt eine innere Bereitschaft der Verantwortungsübernahme entwickeln zu können. Die bewusste Wahrnehmung und Verantwortungsübernahme als allgemeine Basiskompetenzen können sich in weiteren Lern-, Entwicklungs- und Erfahrungsschritten im Sinne einer „positiv nachhaltigen Umweltbildung“ dann entsprechend weiterentwickeln und bilden.

Die Gestaltung eines „Umweltfestes“ in der vorgestellten Form erhält durch die vielfältigen selbstbestimmten Aktionen und Ideen einen ganz spezifischen Charakter, eine Dynamik, die durch Engagement und Interesse, nicht durch passives Konsumieren, gekennzeichnet ist.

Im Gestalten und Erleben eines Festes können Kinder und Erwachsene das „Besondere“ feiern, das was über den normalen Alltag hinausweist. Der Mensch als einmaliges Wesen im Geflecht der Gemeinschaft und Umwelt soll in den Mittelpunkt gestellt werden. Das lebens- und schützenswerte Leben und der dafür notwendige Lebensraum für alle soll auf eine besondere Weise beachtet und geschätzt, die Verantwortungsbereitschaft dafür geweckt werden. Feste mit ihren Zeichen, Gebräuchen und Ritualen sind Ausdrucksmöglichkeit des lebendigen Seins. Eine Form, sich über den Rahmen der Sprache hinaus mit Symbolen, Zeichen und Handlungen auszudrücken. Ein Umweltfest soll positive Sinn-Erfahrungen im Umgang mit Natur und Umwelt ermöglichen. Durch selbstbestimmte, selbstgestaltete und erlebte Prozesse werden Haltungen geprägt. Ein Umweltfest der Kinder kann auf unterschiedlichste Weise wirken. Beispielsweise kann es in das Thema „Umwelt" einführen, es kann als Abschluss einer Projektwoche gestaltet werden oder ein Projekt eröffnen. Es muss aber nicht in einen thematischen Zusammenhang gebettet sein, es kann auch einfach nur als einmaliges „Umweltfest" gestaltet werden. Möglicherweise bietet es den Teilnehmenden auch neue Erfahrungen, ein neues Lernerlebnis, welches die Neugierde weckt und zu weiteren Handlungsschritten motiviert – ein neuer „Umwelt-Sinn" kann sich bilden und entwickeln.

## Vorbereitung und Organisation

**1. Phase – Erziehende und Kinder**

Die Erziehenden und Lehrenden sollen im ersten Schritt in ihren Gruppen und Klassen mit den Kindern die Idee diskutieren, ein Schulfest oder Sommerfest als Umweltfest zu gestalten. Gemeinsam mit den Kindern sollen die Gestaltungs- und Umgangsprinzipien (→ siehe S. 142f.) und die praktische Umsetzung, die Gestaltung der Aktionen, Stände, Spiele etc. diskutiert werden. Von Anfang an soll den Kindern ihre Verantwortung deutlich werden. Es soll klar sein, dass sie nicht passiv Teilnehmende, sondern aktive Gestalter des „Umweltfestes" sind. Sie sollen spüren, dass jede „Idee" aktive Menschen mit Motivation braucht, die sich für die praktische Umsetzung einsetzen und vom Anfang bis zum Ende Verantwortung übernehmen. In Zusammenarbeit mit den Erwachsenen werden Kleingruppen zu selbstgewählten Themenständen, Stationen, Spie-

len und Aktionen gebildet, die dann mit allen Konsequenzen – Planung, Organisation, Betreuung, Einkauf, Durchführung, Abbau etc. – das Umweltfest gestalten.

**2. Phase – Erziehende und Eltern**

Es empfiehlt sich zur Gestaltung eines „Umweltfestes“ die Eltern, Erziehenden, Großeltern etc. einzuladen. Entsprechend muss ein Elternabend durchgeführt werden, an dem, wie in der Vorbereitungsphase mit den Kindern, die Idee des Umweltfestes vorgestellt wird. So können sich die Erwachsenen, auch in Absprache und Kooperation mit den Kindern, mit Hilfe der Gestaltungs- und Umgangsprinzipien und den Gestaltungsbausteinen Themenschwerpunkte für ihr Engagement wählen. Auch hier muss von Anfang an deutlich werden, dass die Kleingruppe die gesamte Verantwortung für ihre Idee und Aktivität hat!

**3. Phase – Gesamtplanung und -organisation**

Das Team oder die Institutsleitung hat für die Planung und Gestaltung des Umweltfestes die Aufgabe der Koordination und Kooperation. Die einzelnen Aktivitäten und Gruppen müssen motivierend betreut werden. Es sollte kein Thema, keine Aktion doppelt auftreten, die Gruppen sollten auch nicht unbedingt die Aktionen und Aktivitäten der anderen Gruppen bis ins Detail kennen, damit der Reiz und die Neugierde auf das Umweltfest erhalten bleibt.
Da immer eine Gruppe von ca. 4 bis 10 Personen eine Aktion, einen Stand, ein Spiel etc. betreut, muss von der Gruppe für den Festverlauf ein Zeitplan für die Betreuung der eigenen „Aktion“ abgesprochen werden, damit alle die Möglichkeit und ausreichend Zeit haben, an den anderen Aktivitäten des Umweltfestes teilzunehmen.

Um die Initiative „Kinder werden Umweltfreunde“ zu fördern, ist es sinnvoll, einen Aktionsstand zum „Umweltpass“ anzubieten.
Es müssen nötige Hilfen und Auskünfte zur praktischen Umsetzung und Gestaltung des Festes (Materialien, Räume, Finanzen, Aufbau, Gelände …) angeboten werden. Ein Umweltfest kann für einen halben aber auch für einen ganzen Tag geplant werden. Die Aktionen, das Engagement und die Gestaltungslust bestimmen den Zeitrahmen.
Für ein „Umweltfest“ sollten Einladungen für die Eltern, Freunde, Verwandten u.a. verschickt und je nach Wunsch Plakate gestaltet und die Öffentlichkeitsarbeit (Presse) gepflegt werden.
Die üblichen Sicherheitsmaßnahmen – Aufsichtspflicht, Absperrungen, Feuerlöscher, Erste Hilfe, Telefon, Hausmeister etc. – sollten bedacht und abgesprochen sein.

**Gestaltungs- und Umgangsprinzipien**

Ein Umweltfest soll die positive Einstellung zur Natur und Umwelt fördern. In einem festlich schönen Rahmen soll allen die Gelegenheit geboten werden, sich mit Spiel, Gestaltung, Tanz, Gesang u.a. an den „Wert“ der Natur und Umwelt als Lebensgrundlage aktiv gestaltend zu erinnern und sich darüber zu freuen.

Alle die Lust und Freude haben, Kinder und Erwachsene, sind eingeladen, das Fest nach ihren Möglichkeiten, Ideen und Kräften mitzugestalten. Kinder und Erwachsene sind als gleichwertige Partner zu achten und zu behandeln, jeder ist ein Teil des Ganzen! Für eine Gestaltungsidee und für die Umsetzung der Aktion ist die Gruppe verantwortlich, jede Gruppe verteilt die Aufgaben und Verantwortlichkeiten untereinander.
Nach Möglichkeit soll wenig „konsumiert“ werden, d. h. es sollen Alltagsmaterialien und Naturgegenstände für Spiele und Aktionen verwendet werden. Es sollte nichts verschwendet werden, ein sparsamer Umgang soll mit den Kindern geübt werden.
Kinder und Erwachsene sollten die Gelegenheit des Festes nutzen, über das Wertvolle an der Natur und Umwelt, über den Erhalt und die Pflege miteinander ins Gespräch zu kommen. Dabei sollten Themen wie Verschwendung, Sparsamkeit, Verantwortung, Zerstörung, Rücksichtnahme … angesprochen werden. Kinder und Erwachsene sollen sich im Gespräch den Wert der Natur und Umwelt immer wieder be-

wusst machen. Der Schutz der Umwelt kann nur gelingen, wenn die Umwelt als Schatz erkannt wird.
Kinder und Erwachsene sollen auf dem Umweltfest die Chance haben, mit möglichst vielen Sinnen die Elemente Erde, Feuer, Wasser, Luft, Sonne, Mond, Sterne, Wald, Steine an vielen Stationen und mit Aktionen neu zu entdecken.
Alle Spiele und Aktionen sollen so gestaltet werden, dass sie Spaß und Freude machen. Wettbewerb soll vermieden werden, niemand soll bloßgestellt werden. Das gemeinschaftliche Tun, das kreative Gestalten, welches eine positive Einstellung zu Mensch, Natur und Dingen fördert, ist das Ziel.

## Bausteine zur Gestaltung eines Umweltfestes

**Garten der Sinne** Für einen „Garten der Sinne“ oder einen Sinnesparcours können die unterschiedlichsten Übungen und Spiele, die die konzentrierte Wahrnehmung der Sinne fördern, durchgeführt werden.

Nach Möglichkeit sollten Stationen zu allen sechs Sinnen angeboten werden. Es ist ratsam, die Sinnesstationen nicht zu dicht nebeneinander aufzubauen, um gegenseitige Störungen zu vermeiden. Auf einem Umweltfest sollten möglichst Naturmaterialien benutzt werden. Folgende Stationen sollten Berücksichtigung finden:

- Station Hören
- Station Sehen
- Station Tasten
- Station Riechen und Schmecken
- Station Balancieren

**Stationen zu den Elementen und Naturphänomenen**

Alle Spiele und Übungen, die im zweiten Teil dieses Buches beschrieben werden, können in den beliebigsten Zusammenstellungen auf einem Umweltfest durchgeführt werden.

- Station Erde
- Station Feuer
- Station Wasser

- Station Luft
- Station Sonne, Mond und Sterne
- Station Steine
- Station Wald

Stationen zu den Elementen und Phänomenen können mit weiteren Natur- und Umweltaktionen ergänzt werden, z. B.:

- Ausstellungen zum Thema Wald, Bienen, Moor, Lebewesen, Umweltschutz
- Raumschmuck aus Natur- und Umweltmaterialien herstellen
- Geschichten und Märchen zum Thema Natur und Umwelt
- Theateraufführungen zum Thema Natur und Umwelt
- Umweltgeschichten spielen
- Basteln mit Umweltmaterialien: „Aus alten Sachen neue machen“
- Instrumente aus Umweltmaterialien herstellen
- Lieder, Tänze und Musikdarbietungen zum Thema Natur und Umwelt
- Mal- und Kunstaktionen zum Thema Natur und Umwelt

Die Stationen, Übungen und Spiele sollen das bewusste Erleben von Zusammenhängen und Prozessen der kindlichen Lebensumwelt fördern.

**Versorgung – Verpflegung**

Nach Möglichkeit sollen selbsthergestellte Nahrungsmittel, wie z. B. Stockbrot, selbstgebackenes Brot, Kartoffelwaffeln, Melissen-, Brennnesseltee, Waldmeisterbowle, Löwenzahnsirup, Apfelmus, Grillkartoffeln, Salate mit Früchten und Gemüse der Region u.v.m. angeboten werden. Als Getränke können Wasser oder Milch aus einer Milchkanne geschöpft oder Kräutertees angeboten werden. Für das leibliche Wohl sorgen, nicht wie üblich Kaffee, Kuchen, Saft und Bier, sondern von den Kindern und Eltern hergestellte Produkte.
Nicht die Versorgung (der Konsum) sollte im Vordergrund stehen, sondern der Prozess der „Herstellung", das gemeinsame gesellige Tun und Genießen. Die oft typische Aufteilung auf Festen – Frauen-Cafe, Männer-Bierstand, Kinder-Spiele … soll mit gemeinsamen Versorgungs- und Genießerständen aufgebrochen werden. Das hat Auswirkungen auf die gesamte Aktions- und Feststruktur.

# IV. Fortbildungsbausteine für Elternabende und Teamsitzungen

## Konzeption

Umweltbildung als Bildung zu einer nachhaltigen umweltgerechten Entwicklung im Sinne der Agenda 21 ist mehr als Informationsvermittlung. Sie sollte im ganzheitlichen Sinne den Menschen – Kinder und Erwachsene – in seiner Lebenshaltung und in seinem Lebensstil prägen und bilden. Bei der konzeptionellen Planung ist es wichtig, einzelnen Bausteinen Beachtung zu schenken. In der praktischen Bildung, die immer als wachsender und werdender demokratischer Prozess verstanden und organisiert werden sollte, treten die einzelnen Bausteine nicht isoliert sondern ergänzend auf. In der Konzeption müssen unterschiedliche Bildungsebenen berücksichtigt werden mit dem Ziel, ethisches Wollen und Können zu fördern und „Ökologische Mündigkeit" zu bilden, die sich ausdrückt durch bewusstes Handeln aus bewusster Haltung:

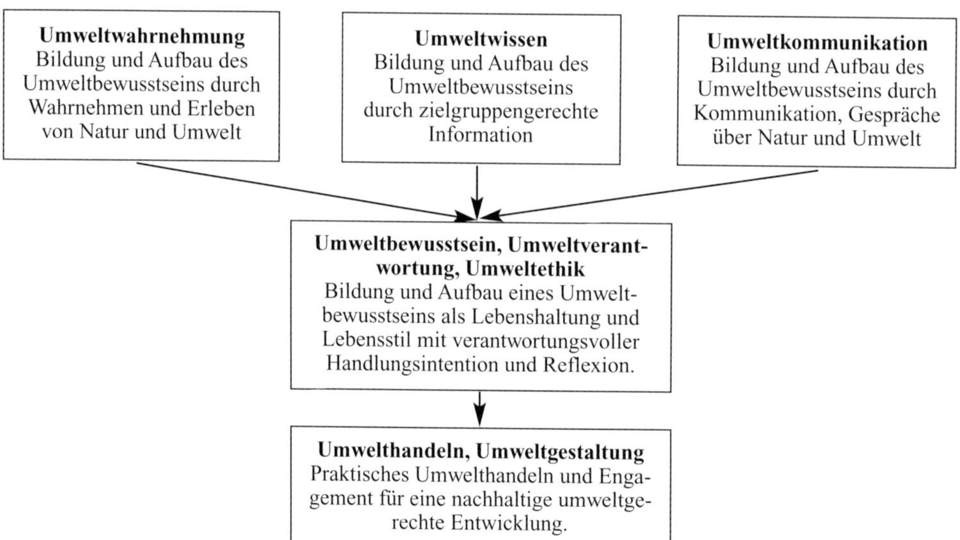

# Methodische Umsetzung

Die im folgenden vorgestellten Bildungsbausteine sollen Erziehenden, Eltern, Lehrenden etc. eine Orientierungshilfe geben, Elternabende und Bildungsseminare zu gestalten, um für die Thematik der Umweltbildung mit Kindern als Werteerziehung zu sensibilisieren und Erwachsene zu motivieren, sich für die Initiative „Kinder werden Umweltfreude" zu engagieren.
Die Bildungsbausteine können einzeln aber auch als Reihe angeboten werden, für jede Einheit sollten mindestens zwei Stunden zur Verfügung stehen.
Jeder Bildungsbaustein setzt sich aus drei Arbeitsschritten zusammen:

*1. Arbeitsschritt:* Thematisch-inhaltlicher Einstieg – Kurzreferat für die Gesamtgruppe
*2. Arbeitsschritt:* Kleingruppenarbeit
*3. Arbeitsschritt:* Auswertung, Diskussion – Gesamtgruppe

Zur thematischen Einführung wird ein Kurzreferat oder Thesenpapier vorgestellt, welches als Einstieg vorgetragen oder aber kopiert von jedem zur Vorbereitung gelesen werden kann (1. Arbeitsschritt). Das Kurzreferat kann je nach Wunsch und Belieben erweitert oder ergänzt werden. Es können Gedichte, Geschichten (aus dem hier vorgestellten Praxisteil), Arbeitsblätter, Bilder, Dias etc. zur Unterstützung eingesetzt werden. Bei den hier angebotenen Kurzreferaten kommt es z.T. zu Wiederholungen aus dem ersten Teil des Buches. Diese sind notwendig, um in komprimierter Form den Eltern und Interessierten Grundlagen der elementaren Umweltbildung aber auch weiterführende umweltpädagogische Kompetenzen zu vermitteln. Da die Umweltkommunikation als eine wesentliche Säule der Bildung des Umweltbewusstseins angesehen wird, sollte für die Kleingruppenarbeit und für das Gespräch ausreichend Zeit und Raum zur Verfügung stehen. Dabei ist das Miteinanderreden, der Austausch der Meinungen zur Bildung einer eigenen Haltung wichtiger, als das ergebnisorientierte Bearbeiten der Aufgaben im zweiten Arbeitsschritt. Eine Auswertung der Kleingruppenarbeit sollte in der Gesamtgruppe mit Hilfe einer Moderation als Austausch und Diskussionsforum angeboten werden (3. Arbeitsschritt). Zum Abschluss einer Bildungssequenz können Schlussfolgerungen formuliert werden, d. h., die Teilnehmenden werden eingeladen, abschließend ihre neuen Erkenntnisse und mögliche neue Handlungsabsichten zu formulieren. Dieses kann im Gespräch, aber auch in gestalterischer Form geschehen, z. B. jeder schreibt seine Wünsche, Träume, Vorsätze auf einen Zettel, auf ein Riesenplakat …, jeder erhält einen Stein, der ihn an neue Erkenntnisse, Vorsätze erinnert, jeder malt ein Bild, schreibt ein Gedicht o.Ä.
Ziel einer umweltpädagogischen Bildung sollte sein, mit der Unterstützung und Hilfe von Informationen, Medien und im Austausch, die eigene Haltung, das eigene Umweltbewusstsein zu überdenken, zu reflektieren und ggf. zu korrigieren, um im Sinne einer positiven umweltgerechten Zukunftsgestaltung Verantwortung zu übernehmen, Gestaltungs- und Handlungsschritte zu erkennen und zu gehen. Die positiven Energien einer Fortbildung sollten auch zur Gründung von Gesprächskreisen und Initiativen, weiteren Aktionen und Ausstellungen genutzt werden. Abschließend kann weiterführende Literatur vorgestellt werden.

# Bildungsbaustein 1
# Umweltbildung: Warum sie für Kinder wichtig ist

## 1. Arbeitsschritt: Thematischer Einstieg mit einem Kurzreferat

Die Teilnehmenden sollen zum Thema „Umweltbildung" mit einem einführenden einfachen Text Informationen erhalten und für das Thema sensibilisiert werden. Sie sollen den neuen Ansatz der Umweltbildung mit Kindern als Gestaltung einer Lebenshaltung, auch im gesellschaftspolitischen Zusammenhang verstehen und zur Verantwortungsbereitschaft für sich und für die Kinder motiviert werden.

## 2. Arbeitsschritt: Kleingruppenarbeit mit dem Text: „Diese Erde ist uns heilig"

Die Teilnehmenden erhalten den Text „Diese Erde ist uns heilig", den sie in der Kleingruppe (4 bis 6 Pers.) vorlesen und anschließend diskutieren. Um das „Ganzheitsdenken" und das Gefühl für das vernetzte Leben zu wecken und zu erhalten, bieten sich Geschichten und Gedichte aus dem Indianerleben als Diskussionseinstieg in Bildungsprozesse an, hier insbesondere die Rede des Häuptling Sealth.
Der Text gibt Auszüge aus der Rede von Chief Seattle (Sealth) bei der Versammlung der Häuptlinge von 1854 wieder. Washington's Präsident Franklin Pierce wollte das Land der Indianer kaufen. Die Rede von Seattle ist nicht nur ein Dokument, aus dem wir viel lernen können für einen besseren Umgang mit der Natur. Es ist auch ein Dokument gebrochener Verträge gegenüber dem indianischen Volk, die Spuren des einst zahlreichen Volkes verlieren sich um 1910. Die hier ausgewählten Abschnitte aus der Gesamtrede, sollen nicht als eine natur-romantische Schwärmerei verstanden werden, sie sollen helfen, die eigene Haltung zur Natur und Umwelt zu überdenken, um ggf. im Sinne der nachhaltigen Zukunftsgestaltung etwas zu ändern.

## 3. Arbeitsschritt: Auswertung mit Hilfe der Übung „Vernetzt"

Nach der Gruppenarbeit kommen die Teilnehmenden wieder als Gesamtgruppe zusammen und bilden einen offenen Stehkreis mit max. 20 Personen, um die Übung „Vernetzt" (Arbeitsblatt 2) durchzuführen. Abschließend können die Teilnehmenden in der Schlussrunde die Diskussionsergebnisse der Kleingruppenarbeit und die Erkenntnisse der Übung „Vernetzt" mitteilen und praktische Konsequenzen für den Alltag diskutieren.

Vielfach erleben Kinder und Erwachsene den Alltag heute nur noch in Teilelementen, Zusammenhänge sind oft schwer zu durchschauen und Folgen der eigenen Handlungen nicht mehr nachzuvollziehen. Unsere Welt stellt sich im Nebeneinander einzelner Teile, nicht aber in der Ganzheit dar. Der Mensch aber ist ein Teil seiner Umwelt, der Natur, ein Glied in der Kette des Lebens. Alles steht mit allem in Beziehung, funktioniert nur im Zusammenspiel der Kräfte, funktioniert im System eines großen Netzes. Auf unterschiedlichen Lernebenen wird hier das vielfach verlorene Ganzheitsdenken für Natur und Umwelt erlebt und thematisiert.

## Arbeitsmaterialien

### Kurzreferat/Lesetext: Umweltbildung mit Kindern, warum und wie?

Niemand wird heute ernsthaft behaupten, dass Umweltbildung oder beispielsweise die Friedenserziehung der Kinder nicht sinnvoll wäre. Schön wäre es, wenn sie nicht nötig wäre, wenn Erziehende und Verantwortliche durch ihr Vorbildverhalten im Alltag

spezielle Erziehungs- und Bildungskonzepte überflüssig werden ließen, wenn die Kinder mit den Erwachsenen gemeinsam einen positiven Bezug zur Natur und Umwelt aufbauen und Verantwortungsübernahme entwickeln könnten.
Heute aber hat sich das Alltagsleben stark verändert, besonders durch die Zunahme der unmittelbaren Medienerlebnisse. Kindern und Erwachsenen werden eine Fülle von Erlebnissen und Informationen, oftmals beziehungslos nebeneinander wie Puzzleteile, als Wissensbrocken übermittelt. Verbindungen und Zusammenhänge herzustellen, wird immer schwieriger. Eine tiefere Beziehung zu Personen, Ereignissen und Situationen aufzubauen und zu pflegen, fordert Zeit und feste Bezugsrahmen, diese lösen sich aber immer mehr auf. Die einseitig orientierte Leistungs- und Konsumgesellschaft fordert den mobilen funktionsfähigen Menschen für die Gegenwart. Soziale und langfristige Auswirkungen dieser Einstellungen, eine Entwurzelung und eine Beziehungslosigkeit als eine mögliche Konsequenz, werden oftmals nicht bedacht oder berücksichtigt. Durch die Informationsflut wird es immer schwieriger, nach Wahrheit zu suchen, Wesentliches und Zusammenhänge zu erkennen und persönliche Entscheidungen zu treffen, die auch einmal gegen herrschende Wertevorstellungen stehen.
Durch die Informations- und Erlebnisfülle besteht zunehmend die Gefahr, einer Reizüberflutung, die zu einer großen Gleichgültigkeit gegenüber allem führen kann. Die Wahrnehmung, das bewusste Sehen und Erleben mit Handlungskonsequenzen scheint gefährdet! Der Mensch fühlt sich überfordert, vielfach kann und will er sich nicht mehr intensiv mit Mitmenschen, mit Natur und Umwelt auseinandersetzen, so kann er immer weniger wirkliche Beziehungen aufbauen und pflegen.

Eine Umweltbildung mit Kindern sollte helfen, die Natur und Umwelt als lebenswert wahrzunehmen, zu genießen, zu lieben und dann auch schützen zu wollen, es geht um ein Umweltbewusstsein, um eine Umweltethik.
Erziehende haben im Sinne der positiv wertschätzenden Umweltbildung die große fordernde Aufgabe, sich möglichst gemeinsam mit den Kindern auf den Weg zu machen, eine wertschätzende Beziehung zur Natur und Umwelt aufzubauen und zu pflegen. Die drei Säulen dieser positiv nachhaltigen Umweltbildung sind:

**1. Umweltwahrnehmung, Umweltverständnis: Wahrnehmen, Erleben, Genießen**
Das bewusste wertschätzende Wahrnehmen, Erleben und Genießen der unmittelbar nahen kindlichen Umwelt: der Elemente Erde, Feuer, Wasser, Luft, Sonne, Mond und Sterne als Urquellen des Lebens und die nahe Umwelt, d. h. der Wald, die Lebewesen, die Steine usw. ist das Ziel und die Basis einer Umweltbildung mit Kindern. Die Umwelt soll als schützenswerter Lebensraum erlebt und erkannt werden!

**2. Umweltkommunikation, Umweltbewusstsein: Mit Kindern über Natur und Umwelt reden und philosophieren**
Die Umweltkommunikation, d. h., das Gespräch, der Austausch, die Reflexion über das Wahrgenommene und Erlebte, das kritische Fragen und Hinterfragen soll helfen, die eigenen Eindrücke bewusst zu verarbeiten, sich ein Bild von der Welt zu machen, Werte und Bedeutungszusammenhänge zu erkennen. Das ist die Grundlage für ein positives wertschätzendes Umweltbewusstsein, das auch Handlungsperspektiven entwickelt.

**3. Umwelthandeln, Umweltgestaltung: Mit Kindern gemeinsam praktische Schritte sehen und gehen**
Alltagssituationen, die ein Kind beeinflussen kann, sollen ihm bewusst gemacht werden und es soll in kindgemäßen Schritten lernen, Verantwortung für Mensch und Umwelt zu übernehmen und aktiv zu werden.

Kinder sollen mit der elementaren Umweltbildung über das bewusste Wahrnehmen und Erleben und über die Umweltkommunikation, über das Gespräch, ein positives Umweltbewusstsein aufbauen und entwickeln können, welches sie dazu auffordert, sich für eine nachhaltige umweltgerechte Entwicklung der Gesellschaft handelnd einzusetzen. Kinder sollen möglichst früh zu einer „Ökologischen Mündigkeit" erzogen werden.
Mit kindgerechten Lernformen wie Lernen durch Experimentieren, Erkunden, Wiederholen, Beobachten,

Staunen, Stöbern, Sammeln, Ordnen etc.[20] eröffnen sich den Kindern viele Gelegenheiten, ihre Umweltwahrnehmung, ihre Umweltkommunikation und ihr Umwelthandeln zu bilden. Die Umweltbildung mit Kindern aber, wie auch das Vertrautwerden mit Natur und Umwelt, fordert von den Erziehenden selbst eine bewusste Auseinandersetzung, Kraft und Zeit. Eine wirkliche Beziehung zu Mensch, Natur und Dingen muss gewollt und gepflegt werden, dieses gilt für menschliche Beziehungen ebenso wie für den Umgang mit Natur und Umwelt.

Ebenso müssen Kinder heute neu lernen, in Zusammenhängen zu denken. Die zersplittete Weltwahrnehmung fordert von allen am Erziehungsprozess Beteiligten, dem Kind Vernetzungen anzubieten, d. h. das Kind immer wieder Zusammenhänge erleben lassen oder zumindest durch Geschichten und Gespräche im Verständnis des Kindes „Ganzheits-Bilder“ entwickeln und entstehen zu lassen. Blumensamen, die ich säe, kommen nicht ursächlich aus der Tüte. Der natürliche Prozess von Wachstum, Ernte und Sterben und des Neubeginns kann in kleinen Begebenheiten zum Erlebnis- und Erkenntnisprozess werden. Alle am Erziehungsprozess Beteiligten sollten die Alltagschancen nutzen, das Bewusstsein des Kindes als Mitwelt-Wesen mit hoher Verantwortungs- und Handlungsbereitschaft zu bilden und zu pflegen. Das Gespräch, die Umweltkommunikation kann helfen, dem Kind wieder Zusammenhänge deutlich zu machen. Wie soll ein Kind verstehen, dass das Geld nicht einfach aus dem Automaten kommt, wenn mit ihm nicht darüber gesprochen wird, dass ein Automat eben nicht automatisch Geld ausspuckt, sondern dass es einen Zusammenhang zwischen Arbeit, Bemühung, Anstrengung, Ausdauer, Lohn, Belohnung und Geld gibt.

Kinder erleben die „Welt“ anders als Erwachsene, dieses muss im Umgang mit ihnen ständig bedacht werden. Sie leben ganz nah in Beziehung zu ihrer Umwelt, zu den Menschen, zur Natur, zu den Dingen. Viele Begegnungen, Gespräche und Interviews mit Kindern bis zu 10 Jahren haben deutlich gemacht, dass Kinder beispielsweise mit dem Begriff Umwelt fast ausschließlich „Negatives“ verbinden. Sie reden beim Thema Umwelt von Müll, Verschmutzung, Bedrohung, Angst, Gift, Katastrophen, Dreck, Gasen, Lärm etc. Sie malen Fabriken, dunkle Wolken, überquellende Mülleimer, tote Fische und Vögel, qualmende Schornsteine u. Ä.

Wie können Kinder, denen ein positiver Bezug zu ihrer nahen elementaren Natur und Umwelt fehlt, ihre Umwelt als schützenswert wahrnehmen und verstehen lernen, wenn sie schon durch Negativinformationen belastet und verängstigt sind? „Negativen“ Umweltinformationen durch die Medien und einer falschen Umweltkatastrophenbildung in Schulen und Kindertagesstätten sollte eine positive Umweltbildung entgegengesetzt werden. Der Bezug zur Natur und Umwelt als Basis sollte zunächst grundlegend positiv geprägt werden, die Lebens- und Zukunftsgestaltung muss neu bedacht und neu gestaltet werden.

Auf einer Konferenz der Vereinten Nationen für Umwelt und Entwicklung (UNCED) 1992 in Rio de Janeiro wurde für die Umweltpolitik eine Agenda 21 entwickelt, die die nachhaltige zukunftsfähige Weltentwicklung auf der ökologischen, ökonomischen und sozial-kulturellen Ebene für alle Menschen zum Ziel hat. Von 178 beteiligten Staaten wurde ein Aktionsprogramm, die Agenda 21, entwickelt und unterschrieben. Alle wollen und sollen sich bemühen, die positive Entwicklung für eine umweltgerechte und umweltverträgliche Zukunft aller Völker voranzutreiben. Dieses Handlungsprogramm fordert alle Menschen auf, sich um die Lebensbedingungen und die Erhaltung der Lebensgrundlagen aller Menschen auf allen Ebenen einzusetzen. Die Agenda 21 und die Leitidee der nachhaltigen zukunftsfähigen Entwicklung stellen für jeden Einzelnen und für die Gemeinschaft eine Herausforderung da. Der Begriff „Nachhaltigkeit“ kommt aus der Waldwirtschaft und umschreibt das Prinzip, dass immer nur so viele Bäume geschlagen werden dürfen, dass das Ökosystem Wald keinen Schaden nimmt, d. h. auch langfristig kein Schaden entsteht.

[20] Hempel, 1999 III

Der Umweltbildung mit Kindern, der Beteiligung der Kinder, wurde in der Agenda ein besonderes Kapitel gewidmet. Eine umwelt- und entwicklungsorientierte Bildung und Erziehung hat im Sinne der Agenda die Schaffung eines ethischen Bewusstseins, die Schaffung eines Wertebewusstseins, die Entwicklung von Einstellungen, Fertigkeiten und Fähigkeiten, die mit einer nachhaltigen Entwicklung vereinbar sind, zum Ziel. „Allen Menschen jeden Alters muss eine Umwelt- und Entwicklungserziehung zugänglich gemacht werden. Es besteht die Notwendigkeit, die Sensibilität der Menschen für Umwelt- und Entwicklungsprobleme zu fördern und sie an der Suche zu beteiligen. Erziehung kann dem Menschen Umwelt- und ethisches Bewusstsein, Werte, Einstellungen und Verhaltensweisen vermitteln, die für eine nachhaltige Entwicklung unerlässlich sind. Zu diesem Zweck darf sich die Erziehung nicht nur auf die Erklärung der physikalischen und biologischen Umwelt beschränken, sondern sie muss auch die sozioökonomische Umwelt und die menschliche Entwicklung erfassen. Die elementare Erziehung bildet das Fundament für jede weitere Umwelt- und Entwicklungserziehung.“[21]
G. de Haan, Prof. der Freien Universität Berlin, betont, dass es in den neuen Konzepten nicht nur um Naturschutz geht: „Es geht nicht nur um einen bescheidenen Veränderungsvorschlag, sondern um eine große Idee für das kommende Jahrhundert. Es hat, wenigstens von der Absicht her, eine ähnliche Größe wie die politische Freiheitsidee der Französischen Revolution.“[22] Umweltbildung als nachhaltige zukunftsfähige Entwicklung fordert die zeitlose Gerechtigkeit zwischen den Generationen und Völkern und einen schonenden Umgang mit Mensch, Natur und Dingen.

Mit einer elementaren Umweltbildung als Basisbildung für eine positiv nachhaltige Entwicklung soll innovativ in der Vernetzung der erzieherisch wirksamen Kräfte, eine umweltpädagogische „wertschätzende Umgangskultur“ schon bei Kindern im Vorschulalter grundgelegt werden. Umweltpädagogische Grundkompetenzen zur Gestaltung einer Kultur der Nachhaltigkeit im Sozialen, Ökonomischen und Ökologischen sollen in kindgerechten Prozessen Wahrnehmungskompetenz, Verantwortungskompetenz und Gestaltungskompetenz der Kinder fördern und entwickeln helfen. Eine wertschätzende Umgangskultur sollte sich bei Kindern in reflektierten Alltagssituationen nachhaltig bilden können.

Eine positive Umwelt-Bildung meint also, die Bildung eines positiven Bildes von der Welt, meint die Bildung einer umweltgerechten Lebenshaltung als Grundlage für jedes weitere Denken und Handeln. Dem Kind müssen kindgemäß überschaubare Sinn-Zusammenhänge geboten werden, damit der Beziehungsfaden Kind-Welt nicht zerrissen, sondern weitergesponnen werden kann. So kann sich im kindlichen Verständnis, im Bewusstsein zunächst einmal ein positives Fundament bilden.
Durch positive, selbstbestimmte, selbstgestaltete und erlebte Prozesse werden Haltungen und tiefergehende Beziehungen zu Mensch, Natur und Dingen als Basis geprägt. Nur wer stabile Wurzeln, d. h. positive verwurzelte Umweltbeziehungen hat, der kann auch heftigen zerstörerischen Stürmen widerstehen.

## Kleingruppenarbeit zum Text: Diese Erde ist uns heilig

**Diese Erde ist uns heilig**
**Häuptling Seattles Testament**
Wie kann man den Himmel kaufen
oder verkaufen?
Wie die Wärme des Landes?
Wir können uns das nicht vorstellen.

Wir besitzen ja nicht die frische Luft
und das Glänzen des Wassers,
wie könnt ihr es dann kaufen?
Jeder Teil dieser Erde
ist meinem Volke heilig.
Jede glänzende Tannennadel,
jeder sandige Küstenstreifen,
jeder Nebel in den dunklen Wäldern,
jedes summende Insekt ist heilig
in der Erinnerung
und der Erfahrung meines Volkes …

[21] Agenda 21, Kap. 36
[22] Haan in: Baier u.a., 1999

Wir sind Teil der Erde
und sie ist ein Teil von uns.

Die duftenden Blumen
sind unsere Schwestern; das Reh, das Pferd,
der große Adler –
dies sind unsere Brüder …
Wenn wir euch Land verkaufen,
müsst ihr euch daran erinnern,
dass es geweihtes Land ist
und ihr müsst eure Kinder lehren,
dass es geweiht ist
und dass jeder Schatten
in den klaren Wassern der Seen
von Gegebenheiten und Erinnerungen
in dem Leben meines Volkes erzählt.

Das Murmeln des Wassers
ist die Stimme des Vaters meines Vaters.
Die Flüsse sind unsere Brüder,
sie stillen unseren Durst.
Die Flüsse tragen unsere Kanus
und sie ernähren unsere Kinder.
Wenn wir euch unser Land verkaufen,
müsst ihr euch erinnern
und ihr müsst es eure Kinder lehren,
dass die Flüsse unsere Brüder sind
und eure.
Und von da an müsst ihr den Flüssen
die Freundlichkeit zukommen lassen,
die ihr jedem Bruder gewährt …

Wir wissen, dass der Weiße Mann
unsere Art nicht versteht.
Ein Teil des Landes gilt ihm
dasselbe wie der nächste,
denn er ist ein Fremder,
der in der Nacht kommt
und von dem Land nimmt,
was er braucht.
Die Erde ist nicht sein Bruder,
sondern sein Feind,
und wenn er sie erobert hat,
geht er weiter.
Er lässt das Grab seines Vaters hinter sich
und kümmert sich nicht darum.
Er entführt die Erde
von seinen Kindern.

Aber dies kümmert ihn nicht.
Die Gräber seiner Väter
und das Geburtsrecht seiner Kinder
sind vergessen.
Er behandelt seine Mutter,
die Erde,
und seinen Bruder,
den Himmel,
wie Dinge, die man kaufen kann,
plündern kann,
verkaufen kann,
wie Schafe und glänzende Perlen.
Sein Hunger wird die Erde verzehren
und er wird nur eine Wüste
hinter sich zurücklassen.

Ich weiß es nicht.
Unsere Art ist verschieden von eurer Art.
Der Anblick eurer Städte
tut den Augen des Roten Mannes weh.
Aber vielleicht ist das so,
weil der Rote Mann ein Wilder ist
und es nicht versteht.
Es gibt keinen ruhigen Platz
in den Städten des Weißen Mannes.
Keinen Platz, um zu hören,
wie sich Blätter im Frühling entfalten
oder das Rauschen
der Flügel der Insekten zu belauschen …
Was ist der Mensch ohne Tiere?
Wenn alle Tiere verschwinden werden,
würden die Menschen sterben
vor großer Einsamkeit.
Denn was immer den Tieren geschieht,
bald wird es auch dem Menschen geschehen.

Alle Dinge sind miteinander verknüpft.
Ihr müsst eure Kinder lehren,
dass die Erde zu ihren Füßen
die Asche unserer Großväter ist.
Damit sie das Land achten,
erzählt euren Kindern,
dass die Erde voll ist
mit dem Leben unseres Geschlechts.

Lehrt eure Kinder,
was wir unsere Kinder gelehrt haben,
dass die Erde unsere Mutter ist.

Was immer der Erde widerfährt,
widerfährt den Söhnen der Erde.
Wenn Menschen auf den Boden spucken,
spucken sie auf sich selbst.

Eines wissen wir.
Die Erde gehört nicht dem Menschen;
der Mensch gehört zu der Erde.
Eines wissen wir.
Alle Dinge sind miteinander verknüpft,
wie das Blut, das eine Familie eint.
Alle Dinge sind miteinander verknüpft.

Was immer der Erde widerfährt,
widerfährt den Söhnen der Erde.
Der Mensch
hat das Netz des Lebens nicht geknüpft,
er ist kaum ein Faden darin.
Was immer er dem Netz antut,
er tut es sich selbst an …

Menschen kommen und gehen,
wie die Wellen des Meeres.
Auch der Weiße Mann,
dessen Gott mit ihm geht und spricht,
wie ein Freund zu einem Freund,
kann dem allgemeinen Geschick
nicht entfliehen …

Eines wissen wir,
was der Weiße Mann
vielleicht eines Tages entdecken wird –
unser Gott ist derselbe Gott.

Vielleicht denkt ihr jetzt,
dass ihr ihm so gehört,
wie ihr wünscht, dass euch
unser Land gehört.
Aber so ist es nicht.
Er ist der Gott der Menschen,
und sein Leiden ist das gleiche
für den Roten Mann
und für den Weißen.

Diese Erde ist ihm kostbar
und sie zu verletzen,
heißt
Verachtung auf ihren Schöpfer häufen.

Auch die Weißen werden untergehen;
vielleicht schneller
als alle anderen Stämme.
Fahrt fort, euer Bett zu vergiften
und eines Nachts
werdet ihr in eurem eigenen Abfall ersticken …
Wenn wir euch also unser Land verkaufen,
liebt es, wie wir es geliebt haben.
Sorgt für es,
wie wir für es gesorgt haben.
Haltet in eurem Gedächtnis das Land fest,
so wie es jetzt ist,
wenn ihr es nehmt.
Und mit all eurer Kraft,
mit eurem ganzen Verstand,
mit eurem ganzen Herzen,
bewahrt es für eure Kinder
und liebt es,
so wie Gott uns alle liebt.
Eines wissen wir;
unser Gott ist derselbe Gott,
diese Erde ist ihm kostbar.
Auch der Weiße Mann
kann dem allgemeinen Schicksal
nicht entfliehen.
We may be brothers after all.
We shall see.[23]

**Fragen zum Gespräch in der Kleingruppe:**

- Welche Gedanken der Indianer haben heute noch Gültigkeit?
- Was sind die wesentlichen Merkmale ihres Natur- und Umweltbildes?
- Welches Natur- und Umweltbild habe ich, welches vermittle ich den Kindern?
- Was können Erwachsene und Kinder aus der Rede im Umgang mit Mensch, Natur und Dingen lernen?
- Was können praktische Konsequenzen sein?

[23] Übersetzung nach Tilman Schmieder

## 3. Arbeitsschritt: Übung „Vernetzt“

Die Teilnehmenden bilden einen Stehkreis mit max. 20 Personen. Die Seminarleitung hat ein Wollknäuel in der einen Hand und hält den Anfang in der anderen fest. Das Wollknäuel soll jetzt kreuz und quer von Teilnehmer zu Teilnehmer geworfen werden, wobei jeder beim Wurf ein Wort oder einen Satz zum Thema „Umwelt bedeutet für mich …, Natur bedeutet für mich …“ sagen soll. Jeder behält immer den abgewickelten Faden in der Hand, so dass im Verlauf von Person zu Person ein immer dichteres Netzwerk entsteht. Ist das Knäuel wieder bei der ersten Person angekommen, fordert diese alle auf, sich einmal ganz vorsichtig ein wenig zurückzulehnen, das „Netzwerk“ auf Spannung zu bringen.
Nachdem der Druck spürbar wird, kann die Spielleitung deutlich machen, wie alle miteinander verbunden sind. Um dieses Gefühl noch deutlicher zu machen, kann das „Netzwerk“, d. h. der Faden an einer oder mehreren Stellen zerschnitten werden.

Die Übung „Vernetzt“ hilft, sich auch über ein eindringliches Gefühlserlebnis bewusst zu machen, wie Zerstörungen immer ganze Systeme, die wiederum Teil von anderen Systemen sind, betreffen.

# Bildungsbaustein 2 Umweltwahrnehmung: Wie Kinder ihre Umwelt aufnehmen

## 1. Arbeitsschritt: Thematischer Einstieg mit einem Kurzreferat

Den Teilnehmenden eines Elternabends, einer Teamsitzung etc. wird der Text in Form eines Kurzreferates von der Team-/Seminarleitung vorgetragen. Alternativ kann er auch in Einzelarbeit von den Teilnehmenden als Lesetext zur Vorbereitung verteilt werden. Nach der Texterarbeitung können Verständnisfragen geklärt werden.
Die Teilnehmenden sollen sich einführend mit der kindlichen (Umwelt-)Wahrnehmung, mit der ganz spezifisch kindlichen Weltsicht vertraut machen.

## 2. Arbeitsschritt: Kleingruppenarbeit anhand von zwei Arbeitsblättern

Die Teilnehmenden erhalten die Arbeitsblätter mit den entsprechenden Aufgaben für eine Kleingruppenarbeit (je 4 bis 6 Personen), Zeitrahmen mindestens 45 Minuten.
Die Teilnehmenden sollen die Texte und Arbeitsblätter über die Umweltwahrnehmung und das Umweltverständnis der Kinder diskutieren und die damit zusammenhängende Umgangsweise austauschen und mit Hilfe der „Achtsamen Umgangskultur“ neue Verhaltensmuster erarbeiten.
Die Teilnehmenden sollen erkennen, dass die Wahrnehmung der Natur und Umwelt, das Verständnis und den Umgang mit Mensch, Natur und Dingen prägt und das die bewusste Wahrnehmung der Umwelt der erzieherischen Unterstützung bedarf.

## 3. Arbeitsschritt: Auswertung

In der Gesamtgruppe sollen die Ergebnisse der Kleingruppenarbeiten vorgetragen und unter der Fragestellung „Was können Erziehende für das positive Umweltverständnis der Kinder tun?“ zusammengefasst werden.
Die Teilnehmenden sollen sich mit dem ganz spezifischen kindlichen Welt- und Umweltverständnis auseinandersetzen, sich die individuellen Wahrnehmungsweisen der Menschen und die damit zusammenhängenden Verhaltensweisen bewusst machen, um realistische Konsequenzen für das Alltagshandeln entwickeln zu können.

## Arbeitsmaterialien

### Kurzreferat/Lesetext
### Wie nehmen Kinder die Um-Welt wahr?

Wie sehen Kinder die Umwelt, wie nehmen sie wahr? Welches Verständnis haben sie von der Welt? Die kindliche Wahrnehmung ist eine andere, als die der Erwachsenen. Wie sie genau ist, weiß niemand, kann niemand wissen. Als Erwachsene können wir uns bemühen, uns in die Welt des Kindes, in seine Wahrnehmungswelt, hineinzuversetzen. Jedes Kind und jeder Mensch hat eine ganz eigene – subjektive – Sicht der Welt. Jedes Kind nimmt die Umwelt auf eine eigene besondere Weise wahr, diese Einmaligkeit gilt es zu achten, zu beobachten und zu erforschen.
Jean Piaget hat mit dem 1926 erschienen Buch „Das Weltbild des Kindes“ aus entwicklungspsychologischer Sicht deutlich gemacht, dass die Weltsicht des Kindes eine grundlegend andere ist, als die der Erwachsenen. Diese Erkenntnisse wurden weiter er-

forscht und für die Erziehung nutzbar gemacht. Ganz wesentliche und für diesen Zusammenhang wichtige Aspekte der Weltsicht und Umwelt-Wahrnehmung der Kinder im Vor- und Grundschulalter sind:

- Das Kind begreift sich als Mittelpunkt der Welt, es hat ein stark entwickeltes Ich-Bewusstsein.
- Das Kind unterscheidet zunächst noch nicht zwischen Innen- und Außenwelt. Die Übergänge sind fließend, es vermischt in seiner Wahrnehmung Realität, Fantasie, Wünsche, Gefühle, Vorstellungen …
- Das Kind glaubt an die Allmacht der Menschen, besonders der Erwachsenen, über die Dinge.
- Der Natur und den Dingen wird ein „Lebendigsein", eine Beseeltheit zugesprochen. Alles in der Umgebung, auch die Elemente sind lebendig und haben Bewusstsein, dieses wird mit Animismus, mythisches Fühlen und Denken, umschrieben.

Wollen wir den Natur- und Umweltsinn der Kinder erforschen, bilden und fördern, so müssen wir die Wahrnehmung der Kinder ernst nehmen. Gemeinsam mit den Kindern können Erwachsene sich auf eine neue Wahrnehmungserlebnisreise machen. „Wir haben, denke ich Grund genug, die besondere Anlage des Kindes zu einem innigen Naturverhältnis zu achten und zu hegen, anstatt ihm so schnell wie möglich unser mechanistisches und entseeltes … Weltbild aufzudrängen. In der Fähigkeit besonders der Kinder und Naturmenschen, in der Fantasie die Grenzen zwischen belebter und unbelebter Welt spielerisch aufzuheben, Realitätsebenen zu wechseln und das Ausdruckhafte, Geistig-Seelische der Welt zu erfassen, dürfen wir mit Recht ein kostbares Sensorium erblicken, das aber auch entwickelt und verfeinert werden will."[24] Es ist erschreckend, wenn Kinder und auch Erwachsene die Natur und Umwelt nur noch in ihrer Funktion und nachweislichen Nutzbarkeit sehen, wenn die Geheimnisse, die Wirkung der Natur, die unmittelbare Faszination, das ästhetische und auch religiöse Gefühl für das Leben reduziert werden oder gar verloren gehen. In die Welt der Kinder einzusteigen, die Fähigkeit, zwischen belebter und unbelebter Welt fantasievoll hin und her zu wechseln, Grenzen aufzuheben und Dinge mit Leben auszustatten, ist ein großer Wert.

Das innere Bild von der Umwelt formt sich über die sinnlichen Erfahrungen, über Erlebnisse und Erkenntnisse. Welche Vorstellungen und Grundeinstellungen ein Kind von der Umwelt hat und entwickelt (kindliche Umweltethik), hängt stark mit den über die Sinne gemachten Erfahrungen und Erlebnissen zusammen und wie diese verarbeitet und reflektiert werden.

Die Förderung der Wahrnehmung, der Sinneswahrnehmung ist als eine Basisbildung für die Umweltbildung der Kinder zu sehen. Eine bewusste Wahrnehmung fordert die Fähigkeit der Sinnesbetätigung im ganzheitlich lernenden und wahrnehmenden Menschen. Die Sinneswahrnehmungsfähigkeit kann im heutigen medialen Zeitalter der einseitigen Sinnesbeanspruchung und der extremen Reizüberflutungen nicht mehr als natürliche Fähigkeit vorausgesetzt werden. Eine verarmte oder selektive Wahrnehmung muss punktuell aufgebrochen werden, damit es nicht zu einer Wahrnehmungsverarmung und Sinnesverstopfung kommt. Im Bewusstsein um die tiefe Bedeutung der Sinneswahrnehmungen gilt es, diese zu pflegen. Die sechs bekannten Sinne – das Hören, Riechen, Schmecken, Tasten, Sehen und Gleichgewichthalten – müssen in der Einzelheit sowie in der Gesamtheit gespürt, erlebt und geschult werden. Zu früh, gerade in der Hochentwicklungsphase bis zum 7. Lebensjahr, werden die Kinder heute durch eine Überdosis an Außenreizen daran gehindert, die eigenen Fähigkeiten, die inneren Qualitäten auf ihre Weise zu erforschen und sich entwickeln zu lassen. Aus Schutz vor zu vielen Reizen besteht die Gefahr, dass Kinder und Erwachsene alles wie eine Fernsehsendung an sich vorüberziehen lassen. Sie verlieren zunehmend die Fähigkeit der konzentrierten bewussten Wahrnehmung, die sich in aktiven Handlungen ausdrückt. Das berührbare, sinnliche Leben wird vom unberührbaren Leben aus zweiter Hand als mittelbares Erlebnis abgelöst. Eine Verarmung der Sinnestätigkeit wird durch einseitige Nutzung und Ausbildung schon in so frühen Jahren vorprogrammiert. Wenn einem Kind die Zeit und Möglichkeit genommen wird, Sinneseindrücke real zu erleben, auszu-

[24] Freese in: Schreier, 1997

formen und zu bilden, so besteht auf Dauer die Gefahr, dass es immer oberflächlicher wird, nicht mehr intensiv menschlich spüren und reagieren kann. Um einer Abstumpfung der Sinne und einer „Sinnesverstopfung“ durch Überreizung entgegenzuwirken, muss die sinnliche Wahrnehmung auch und gerade im Bereich der Umweltbildung wieder gezielt beachtet werden. Fritjof Capra sieht die sogenannte Umweltkrise als ein gesamtes Wahrnehmungsproblem: „Nur ist unsere heutige Krise noch wesentlich dramatischer, da das Überleben der gesamten Menschheit und der Erde auf dem Spiel steht … Die Grundthese … ist, dass all diese Probleme letztlich als verschiedene Facetten ein und derselben Krise gesehen werden müssen, welche im wesentlichen eine Krise der Wahrnehmung ist. Sie ist eine Folge der Tatsache, dass die meisten unter uns, und vor allem unsere mächtigen gesellschaftlichen Institutionen, an einem überholten Weltbild festhalten, an einer Weltanschauung, die zur Lösung der vielfältigen Probleme in unserer global vernetzten Welt ungeeignet ist. Erst wenn wir die Welt anders wahrnehmen, werden wir anders handeln können.“[25]

Die Entwicklung und Förderung der Wahrnehmung, der Umweltwahrnehmung bedarf heute einer neuen Beachtung, da vielen Kindern direkte Spiel- und Erlebniserfahrungen fehlen, die ganz nebenher die Wahrnehmung fördern. Kindern muss die Chance gelassen und geboten werden, in spielerischen Prozessen und Ruhephasen einen Ausgleich zur Überreizung zu finden, damit die stabile Identitätsentwicklung nicht gefährdet wird. Das Reich der Sinne ist ein sinnliches Reich, es bedarf der Berührung. Im Bewusstsein um die tiefe Bedeutung der Entwicklung der Sinneswahrnehmungen gilt es, diese zu schützen und zu pflegen.

Wahrnehmungsübungen und Sinnesspiele bilden eine kindgemäße Lernausgangslage für unmittelbare Grunderfahrungen und Grundkenntnisse der Lebenswirklichkeit. Kindorientiertes Lernen sollte immer ein vielsinniges handelndes Lernen sein, welches sich entsprechend grundlegend und motivierend auf das weitere Lernen und Neugierverhalten positiv auswirkt. Die Auseinandersetzung mit der echten unmittelbaren Umwelt ist für Kinder in einer zunehmend „ent-natürlichten“ Umwelt von wesentlicher Bedeutung. H. Kükelhaus weist darauf hin, dass eine zerstörte Sinneswelt über eine zerstörte Innenwelt zwangsläufig zu einer zerstörten Mitwelt und Umwelt führt.[26] Die Sinne aber formen im Menschen das Bild der Umwelt. Eine konzentrierte und differenzierte Wahrnehmungsfähigkeit ist die Basis für ein umfassendes Umweltverständnis. Die Sinne sind Vermittler zwischen Innenwelt und Außenwelt, sie sind die Brücke des Ich zur Umwelt, der Umwelt zum Ich. Desweiteren sind die über die Sinne entwickelten Gefühle und Wahrnehmungen die „Wurzeln“ jeder weiteren Wissensvermittlung. Eine rein kognitive Wissensvermittlung ist also eine tote handlungsunfruchtbare Umweltbildung für Kinder. Die bewusste Wahrnehmung, die Sinnesschulung, hat Einfluss auf den Willen, auf die Handlungsmotivation, die gerade für das verantwortungsvolle Umweltverhalten von immenser Wichtigkeit ist. Wenn die veränderte Lebenswelt den Sinn für das Lebendige, das Erfassen der Zusammenhänge zunehmend zerstört, so müssen neue Wege der (Umwelt)-Wahrnehmungsförderung erforscht werden, der Sinn für das Lebendige muss erhalten bleiben. „Ganz genauso müssten wir darauf achten, dass die Angriffe auf die Sinne des Menschen, auf seine Empfindungen, auf das lebendige Wahrnehmen, ausbleiben. Realität aber ist, dass sich unsere Wahrnehmungen ganz überwiegend an sterilen und toten Dingen bilden … Aber der Umgang mit dem Toten, die Abhängigkeit davon rächt sich, und der Sinn für das Lebendige, für das Menschliche, geht verloren, wenn er nicht geschult und genährt wird.“[27]

Die kindliche Lebenswahrnehmung und -gestaltung ist geprägt von einer besonderen Art, die den Schutz und die Hilfe der Erwachsenen fordert. Die Umweltängste der Kinder sind ernst zu nehmen, sie können das Welt-Bild des Kindes und die Handlungsmotivation stark beeinflussen. Es ist wichtig, mit dem Kind über die Ängste zu sprechen und nur eine altersgemäß angemessene und für das Kind zu verarbeitende „Katastropheninformation“ anzustreben. Das zunächst positive Welt- und Umweltbild des Kindes darf nicht unachtsam zerstört werden.

[25] Capra, 1998

[26] Kükelhaus, 1982
[27] Schneider, 1987

Für Kinder gibt es zunächst nicht die Um-welt, die Umwelt ist eine Idee der Erwachsenen. Kinder haben ein „In-der-Welt-Bewusstsein“, sie erleben sich als Teil der Welt. Die Dinge der Welt sind für sie belebt, Umgangs- und Ansprechpartner. Eine Trennung zwischen der eigenen inneren Erlebniswelt und der äußeren Welt entwickelt sich erst im Laufe der Jahre. In kleinen Schritten kann Kindern der Blick für den Unterschied „gewachsener“ Welt (Natur) und der „gemachten“ (Kultur-Welt) eröffnet werden. Sie können erlebend lernen, die Natur und Umwelt zu genießen aber auch mit ihr gestaltend und verantwortungsvoll umzugehen. Dabei gilt es, die kindliche Sichtweise und Wahrnehmung der „Welt“ zu achten und zu schützen, den achtsamen Umgang und den Respekt vor allem Leben und Erlebten zu fördern.

## Texte zur Kleingruppenarbeit

Der Mensch ist „Mittel“. (Punkt)

Der Mensch ist „Mittelpunkt“.

**Fragen zum Gespräch in der Kleingruppe**

- Welche Grundhaltung steht hinter diesen Aussagen?
- Wo erlebe ich in Alltagssituationen eher die eine oder andere Grundhaltung?
- Welche Haltung nehme ich persönlich eher, auch im Umgang mit Mensch, Natur und Dingen ein?
- Kann ich die Lebensgrundhaltung der Kinder in der Erziehung beeinflussen, auch gegen herrschende Wertvorstellungen?
- Welche Verhaltensweisen kann und will ich verändern?

**Achtsame Umgangskultur – Respekt vor Mensch, Natur und Dingen**

Versuche immer nur so zu handeln, dass du niemanden in seinem Lebensradius störst oder behinderst.
Sei immer bemüht, nichts zu zerstören, keinen Schaden anzurichten.
Suche den Ausgleich, die Harmonie und den Frieden.
Achte das Anderssein und Andersdenken deiner Mitmenschen.
Bemühe dich um einen wertschätzenden Umgang mit Mensch, Natur und Dingen in der Gegenwart und Zukunft.
Fördere dein Wohl, das Wohl und Wachsen deiner Mitmenschen und deiner Umwelt.

Die Erziehenden sollen den Inhalt der „Achtsamen Umgangskultur“ als Lebenshaltung für sich diskutieren. Anschließend sollen sie mit Hilfe der aufgeführten Fragen überlegen, ob und wie die Grundhaltung der „Achtsamen Umgangskultur“ mit den Kindern diskutiert und praktisch umgesetzt werden kann.

**Fragen zur „Achtsamen Umgangskultur“**

Was bedeutet Lebensradius, was kann es bedeuten, gibt es ein treffendes Beispiel?
Was heißt eigentlich stören? Was bedeutet Rücksichtnahme?
Wer bestimmt eigentlich, was stören ist? Was kann man tun, um niemanden zu stören?
Was ist ein Kompromiss, gibt es dafür ein Beispiel?
Was ist Schaden? Wann richtet ihr/richten Sie einen Schaden an?
Was ist Ausgleich, was Harmonie und Frieden?
Was heißt eigentlich „Anderssein/Andersdenken“, wer bestimmt was richtig oder falsch ist? Gibt es überhaupt richtig und falsch?
Wenn zwei Menschen ganz unterschiedliche Wünsche haben, etwas ganz Verschiedenes wollen, was kann man da tun?
Was ist das „Wohl“ des Menschen?
Was ist dein/Ihr Wohl, was ist das Wohl deiner/Ihrer Eltern, deiner/Ihrer Geschwister, Freunde?
Ist das Wohl aller Menschen gleich? Ist das Wohl der Menschen in anderen Ländern anders?
Gibt es ein Grund-Wohl, ein Wohl-Gefühl für alle?
Haben Tiere und Pflanzen vielleicht auch so etwas wie ein Wohl-Gefühl?
Was kann der Mensch tun, um das Wohlgefühl für alle zu fördern?

# Bildungsbaustein 3
# Umweltkommunikation: Wie man mit Kindern über Natur und Umwelt reden kann

## 1. Arbeitsschritt: Thematischer Einstieg mit Kurzreferat/Lesetext

Den Teilnehmenden eines Elternabends, einer Teamsitzung etc. wird der Text in Form eines Kurzreferates von der Team-/Seminarleitung nach Vorbereitung vorgetragen. Alternativ kann er auch in Einzelarbeit von den Teilnehmenden gelesen und erarbeitet werden. Nach der Texterarbeitung können Verständnisfragen geklärt werden.
Die Teilnehmenden sollen sich einführend mit der (Umwelt-) Kommunikation der Kinder vertraut machen oder ihre Kenntnisse auffrischen. Einfache Hilfen zur Analyse von Gesprächsinhalten sollen vermittelt werden, um die Umweltkommunikation mit Kindern besser gestalten zu können.

## 2. Arbeitsschritt: Kleingruppenarbeit

In der Kleingruppe sollen sich die Teilnehmenden mit Hilfe des Arbeitsblattes mit der praktischen Umsetzung der Umweltkommunikation auseinandersetzen und sie üben.
Die Kleingruppe soll als Übungsfeld für die Umweltkommunikation genutzt werden, d.h., in einem kleinen Rahmen können die Teilnehmenden das bewusst geführte Gespräch, die Analyse von Aussagen auf der sachlichen und emotionalen Ebene beobachtend üben.

## 3. Arbeitsschritt: Auswertung

In der Gesamtgruppe wird zum Einstieg der Text von Niklas Luhmann noch einmal vorgelesen. Anschließend werden die Ergebnisse der Kleingruppenarbeit zusammengetragen.
Den Teilnehmenden soll bewusst werden, wie wichtig die Gespräche mit Kindern zum Thema Umwelt und Natur sind und das sich ein Umweltbewusstsein, eine Motivation zum Umweltschutz nur über die Auseinandersetzung, über die Umweltkommunikation als Reflexions- und Lernebene erreichen lässt.

## Arbeitsmaterialien

### Kurzreferat/Lesetext: Mit Kindern über Natur und Umwelt reden

Das Gespräch über ein Thema eröffnet die Chancen und Möglichkeiten, unterschiedliche Sichtweisen, Werte und Probleme zu erkennen, die eigenen zu überdenken, um zu neuen besseren Erkenntnissen zu kommen. Eine wertschätzende Haltung zur Umwelt aufzubauen, bedarf einer vertiefenden Wahrnehmung und Kommunikation.
Die Umweltkommunikation kann auf zwei Ebenen wirken:

1. Erlebnisse, Sachinformationen, Gefühle und Meinungen werden ausgedrückt, in ihrer Unterschiedlichkeit ausgetauscht und reflektiert. So können sie zu bewussten Erfahrungen werden, das Umweltbewusstsein bildet sich aus.
2. Durch den Austausch unterschiedlicher Meinungen, Positionen und Informationen werden neue umweltpädagogische Lernfelder, umweltpraktische Perspektiven eröffnet, ein demokratisches Gesprächsverhalten kann geübt werden.

Gespräche zu führen ist eine Kunst, die gelernt und immer wieder geübt werden sollte. Um mit Kindern und anderen Partnern über Natur und Umwelt zu reden, zu philosophieren, kann es hilfreich sein, sich zunächst auf eine sehr allgemeine Weise der Kommunikation zu nähern.

**Der Kommunikationsprozess**

Um die Kommunikationsweise in der Erziehung bewusst zu beeinflussen ist es wichtig, sich den Vorgang eines Gespräches, den Kommunikationsprozess, deutlich zu machen.

In einem ehrlich offenen Gespräch mit Kindern zeigt sich das Interesse des Erwachsenen an der Welt-Sicht des Kindes. Die Bereitschaft der Erwachsenen und Partner, das Kind wirklich verstehen zu wollen, sollte deutlich werden. Dazu gehört, sich in den anderen hineinzuversetzen, aktiv zuzuhören und nicht nur den Inhalt, sondern auch die emotionale Botschaft hinter dem gesprochenen Wort zu verstehen. So zeigt sich ein Gesprächspartner offen für die Meinung und Sichtweise des anderen. Er zeigt sich lernbereit, er traut dem anderen eine eigene Meinung und Position zu, nimmt ihn als Person ernst. Vielfach fällt es Erwachsenen schwer, wirklich zu verstehen, was der andere – Kind oder Erwachsener meint, was er „eigentlich" ausdrücken will. Allzu häufig lässt sich beobachten, dass Erwachsene zu den Kindern sprechen, aber nicht mit ihnen. Selbst wenn es in freundlicher Weise geschieht, kann das Kind ständig den Eindruck haben, es handele sich dabei um eine Predigt, nicht um einen gleichwertigen Austausch von Meinungen und Gefühlen.[28]

Das Kind sollte frühzeitig lernen und immer wieder erleben können, dass die Atmosphäre für ein vertrauensvolles, konstruktives Gespräch von der gegenseitigen Achtung, Annahme und Wertschätzung geprägt ist und dass eine gleichwertige Stellungnahme unterschiedlicher Positionen möglich ist. Dabei muss es auch schrittweise lernen können, „Verständnis" für einen anderen Menschen zu entwickeln. Diese soziale Fähigkeit ist zunächst kind-untypisch, da das Kind nur für sich fühlt und denkt. Erst mit zunehmendem Alter und mit ausreichenden Übungssituationen kann es lernen, „mitfühlend" zu werden, sich in die Gefühls- und Gedankenwelt anderer hineinzuversetzen.

Ein Gespräch ist keine direkte Übermittlung von Aussagen oder Gefühlen, sondern ein hoch komplizierter und störanfälliger Übermittlungsprozess. Jeder erwachsene Mensch verständigt sich durch einen individuellen „Filter", der durch Erziehung, Werturteile, Vorerfahrungen, Vorkenntnisse, Interessen und Absichten geprägt ist. Der komplizierte Kommunikationsvorgang muss auf der Sach- und auf der Beziehungsebene beobachtet werden. Um im Gespräch den Partner, egal ob Erwachsener oder Kind, wirklich zu verstehen, um ein echtes, nicht wertendes Gesprächsverhalten zu entwickeln, um Missverständnisse und Fehldeutungen zu vermeiden, hilft das aufmerksame Zuhören und die Analyse einer Aussage auf zwei Ebenen:

**1. Sachebene**
Worüber wird informiert, was ist die Sachaussage?

**2. Beziehungsebene**
Was ist die emotionale Aussage?

Jede inhaltliche Nachricht wird von vielen Faktoren, insbesondere von Gefühlen und der Beziehungsstruktur, d. h. von der Art und Weise, wie Menschen zueinander stehen, deutlich beeinflusst. Auch verarbeitet der Mensch Aussagen und Eindrücke auf verschiedenen Ebenen, eher rational oder aber eher emotional. Das menschliche Gehirn verarbeitet Informationen in der linken (rationalen) Hemisphäre, die verantwortlich ist für begriffliches, analytisches, lineares und logisches Denken und in der rechten (emotionalen) Hemisphäre, die das „Ganze" erfasst und stärker mit Gefühlen, Bildern, Intuitionen, Fantasien arbeitet.[29] Um ein optimales Wahrnehmen und Kommunizieren zu ermöglichen, sollten die unterschiedlichen Ebenen der Verarbeitung im Menschen mehr Beachtung finden.

Sieht ein Kind eine brennende Kerze, kann man ihm erklären, warum die Kerze brennt. Diese Information ist eine rationale Sachinformation, sie wird mit der

[28] vgl. Schulz von Thun, 1998 a,b

[29] Vester, 1997, Teml, 1993, Zimmer, 1995

linken Hirnhälfte aufgenommen und vielleicht als Wissen abgespeichert. Warum es aber einen so schönen „Schein“ gibt, wenn eine Kerze brennt, warum es so gemütlich sein kann – diese Fragen, die eher die „Wirkung“ des Kerzenscheins betreffen und Gefühle ansprechen, diese Erlebnisse und Erkenntnisse werden mit der rechten Hirnhälfte aufgenommen und verarbeitet.
Auch der Wachstumsprozess einer Rose und ihre Beschaffenheit kann auf der Sacheben erklärt werden, warum aber die Rose so schön ist, was die Wirkung der Rose ist, kann niemand auf der sachlichen Ebene erklären.

In der gesamten Bildungsarbeit ist eine Überbetonung der sachlich-rationalen Ebene zu beobachten. Der Mensch ist aber mehr als ein Trichter, in den Informationen und Kenntnisse geschüttet werden sollten, er ist ganzer Mensch und hat das Recht auf allen Ebenen gesehen und angesprochen zu werden.
Für die Umweltbildung und Umweltkommunikation bedeutet das, die Verarbeitungsebenen des Kindes zu beachten, im Gespräch auf beide Ebenen einzugehen. Hilfreich kann dabei die kurze innere Reflexion sein: Auf welcher Ebene ist das Kind jetzt? Was hilft ihm jetzt weiter? Gefühle sind eine entscheidende Einflussgröße des Gesprächs, oftmals werden sie bei sich selbst und beim anderen zu wenig wahrgenommen und geäußert. Dennoch gehört das bewusste Wahrnehmen und Akzeptieren von Gefühlen zu den Grundsätzen, die beachtet werden müssen, da sie den Verlauf eines Gespräch und die Beziehung zu Mensch, Natur und Dingen wesentlich beeinflussen. Voraussetzungen zur Verbesserung von Beziehungen und Gesprächssituationen ist das bewusste Wahrnehmen, Akzeptieren und angemessene Äußern von Gefühlen. Dieses kann und muss der Erziehende als Vorbild immer wieder selbst üben oder auch erst lernen. Es ist darauf zu achten, Gefühle immer in der „Ich-Form“ zu äußern, um sich nicht in den Teufelskreis der Beschuldigungen und Gegenbeschuldigungen zu begeben: „Ich fühle mich gestört“ – nicht etwa „Du störst!“ Diese direkte Ausdrucksform der eigenen Gefühle, Wünsche und Befindlichkeiten lässt sich gut einüben. Äußerungen, die mit „man“, „wir“, „du bist“ oder „du sollst“ eingeleitet werden, verdecken die eigenen Gefühle und schaffen falsche Distanz.
Der Kommunikationsprozess ist schwierig und störanfällig. Kinder sollten möglichst früh eine faire Gesprächsbereitschaft erlernen und entwickeln können. Wichtig für das Miteinander und besonders für den Umgang mit Kindern ist es, durch Nachfragen möglichst genau herauszubekommen, was der andere wirklich gemeint hat. Dieses Nachfragen kann auch schon mit Kindern in kleinen Situationen geübt werden. Die eigene Deutung und Interpretation mit möglichen Handlungsschritten sollte erst nach der Klärung ansetzen, um möglichst Missverständnisse und Fehldeutungen zu vermeiden.
Als Erwachsene haben wir eher die Möglichkeit, uns in das Kind hineinzuversetzen als umgekehrt, wir verfügen über die Erfahrung „Kindsein“. Dennoch ist es nur eine Erinnerung und so dürfen Erwachsene nicht den Fehler machen zu glauben, sie wüssten genau, was das Kind jetzt fühlt und denkt. Es kann sich nur um Vermutungen und Ahnungen handeln, da jedes Gefühl individuell und einzigartig ist.
Im Gespräch mit dem Kind ist es wichtig, eine vertrauliche Atmosphäre zu schaffen. Die Tür zu einem vertrauten Gespräch darf nicht zugeschlagen werden, so dass sich das Kind in seiner Welt eingekapselt und isoliert fühlt. Oft hat der Standpunkt des Kindes aus der Sicht eines Erwachsenen etwas „Starres“, es entstammt der kindlichen Logik, einer kindlichen Gefühlsbezogenheit, die von Erwachsenen manchmal nicht nachzuvollziehen ist. Häufig überblickt das Kind nur die momentane Situation, es denkt, lebt und fühlt nur, was im Augenblick passiert. Kinderaussagen bewegen sich häufig mehr auf der emotionalen Ebene, als auf der Sachebene. In solchen Situationen muss der Erwachsene versuchen, die kindliche Sichtweise zu entschlüsseln, versuchen, auf das kindliche Gefühl einzugehen!
Während eines heftigen Gewitters fragte ein 6-jähriges Kind im Gespräch über Blitze und Blitzableiter nach der Erwachsenenerklärung „Die Blitze schlagen nur an den höchsten Stellen ein!“ ganz aufgerührt, fast wütend: „Und wer sagt den Blitzen immer, wo die höchste Stelle ist?“ Diese Frage macht deutlich, wie sehr das Kind in seinem Weltbild von einer „lebenden“ Natur ausgeht, mit der man reden und verhandeln kann. Entsprechend drückt es sich gefühlsbezogen aus. Die emotionale Botschaft des Kindes lautete „Ich habe Angst“. Will man das Kind ernst

nehmen kann, sollte man auf seinen Ausdruck eingehen: „Ich kann mir wohl vorstellen, dass du jetzt vielleicht Angst hast, es knallt ja auch so laut und die Blitze zucken wild! – Wir können nur beide hoffen, dass es nirgendwo einschlägt!“ Eine rein sachliche Erklärung hilft in dieser Situation wenig.
Dem Kind können aber schrittweise Hilfen und Informationen angeboten werden. Erziehungsaufgabe ist es, das Nachfragen und Klären zu üben. Dabei bietet es sich an, immer wieder zu erforschen: „Wie meinst du das? Wie bist du auf diese Frage gekommen? Wie siehst du das? Warum siehst du das so? Kannst du dir vorstellen, dass man es anders sehen kann? Wie fühlst du dich?“ Durch den Austausch unterschiedlichster Antworten, auch in einer Gruppe, können dem Kind sowie dem Erwachsenen neue Erkenntnisse zuwachsen.
Manchmal finden Kinder auch eigene Lösungen für Unklarheiten, dieses macht die Aussage eines Kindes deutlich: „Ich möchte einmal das große Erdenloch sehen, wohin das Wasser bei Ebbe fließt!“ Auch hier ist Respekt vor der kindlichen Wahrnehmungswelt mit der entsprechenden Logik gefragt. Je nach Situation könnte ein Erwachsener sagen: „Das mit dem Erdenloch ist ja eine tolle Idee von dir, wie bist du denn darauf gekommen?“ Nicht immer müssen Erwachsene reagieren oder gar auf alles eine Antwort finden wollen. Das Kind wächst an den Ereignissen, wenn immer wieder Erfahrungsräume geboten werden, in denen es lernt. Durch den Austausch von Einstellungen und Informationen entsteht Wissen, Kooperation und Zusammenarbeit.
Um die Umweltkommunikation auf der Grundlage der allgemeinen Gesprächsführung und bei der Orientierung an der ganz spezifischen kindlichen Ausdrucksweise und Weltsicht zu fördern, sollten Erwachsene sich intensiv bemühen, sich in die „Welt des Kindes“ hineinzuversetzen, hineinzufragen: Was will das Kind jetzt eigentlich mitteilen? Um was geht es? Was ist der Kern der Botschaft?
Umweltkommunikation bedeutet in diesem Zusammenhang, mit Kindern in Alltagssituationen über Natur und Umwelt zu reden. Dabei sollte die spezifische Wahrnehmungs- und Ausdrucksweise der Kinder im Mittelpunkt stehen.
Gespräche sollten so geführt werden, das sie das eigene Denken und Fühlen der Kinder, die positive umweltbewusste Haltung, ein umweltethisches Verhalten und Bewusstsein fördern. In einem offenen Gespräch sollte es keine fertigen Antworten geben. Das fortwährende Fragen und Nachfragen (Sokratische Methode)[30] ist das Ziel: Was meinst du damit, warum siehst du das so, glaubst du, man könnte auch eine andere Meinung haben? Die immer präsenten Fragen „Warum“ und „Was hat das für einen Sinn?“ – fördern die bewusste Reflexion und Lebenshaltung des Kindes. Erziehende müssen dem Kind immer wieder zeigen, dass das Gespräch der Weg zum Mitmenschen und zur Umwelt ist.
Die Umweltkommunikation mit Kindern, eine wesentliche Säule der Umweltbildung, soll die Möglichkeit eröffnen, bewusst wahrgenommene Erlebnisse, Informationen und Gefühle zu reflektieren und auszudrücken, um eine Wertehaltung bilden zu können.

## Arbeitstexte: Mit Kindern über Natur und Umwelt reden

> Es mögen Fische sterben, oder Menschen,
> das Baden in Seen oder Flüssen mag Krankheiten erzeugen,
> es mag kein Öl mehr aus den Pumpen kommen,
> und die Durchschnittstemperaturen mögen sinken oder steigen:
> Solange darüber nicht kommuniziert wird,
> hat dies keine gesellschaftlichen Auswirkungen.
> *Niklas Luhmann*

Niklas Luhmann[31] verweist in seiner vielfach zitierten Aussage auf die Bedeutung der Umweltkommunikation, auf das Umweltbewusstsein und das Umwelthandeln. Im Sinne der Umweltkommunikation ist das Gespräch mit den Kindern, der bewusste Austausch in Alltagssituationen, ein wichtiger Schritt der elementaren Umweltbildung.

---
[30] Horster, 1994
[31] Luhmann in: DBU 2001

**1. Aufgabe zur Kleingruppenarbeit:**

- Wie, wo und wann können Sie Gespräche mit Kindern im Sinne der vorgestellten Umweltkommunikation führen?
- Können folgende Fragen mit Kindern diskutiert werden? Welche Antworten haben Sie?
  - Was ist eigentlich Umwelt?
  - Was ist Natur?
  - Ist Umwelt für den Menschen wichtig?
  - Warum ist die Umwelt wichtig?
  - Müssen wir auf die Umwelt achten, aufpassen, sie schützen? Warum?
  - Wie können wir die Umwelt schützen?
  - Tut die Umwelt, die Natur etwas für den Menschen? Was?
  - Was können die Menschen Gutes für die Umwelt tun?

Um die Umweltkommunikation mit Kindern zu üben, können Sie im gemeinsamen Gespräch auf die Kommunikationsbotschaften, auf die sachliche und emotionale Aussage ihrer Gesprächspartner achten. Bemühen Sie sich, ohne Wertung zunächst auf die emotionale Ebene des Gesprächspartners einzugehen und bei Unklarheiten auf der Sachebene immer zunächst nachzufragen, bevor es zu wertenden oder gar abwertenden Äußerungen kommt.

**2. Aufgabe zur Kleingruppenarbeit:**

Finden Sie Beispiele von Kinderaussagen, wo die kindliche Gefühlsbeziehung zur Natur und Umwelt deutlich wird, versuchen Sie diese in Bezug auf Sach- und Beziehungsebene zu analysieren!

# Bildungsbaustein 4
# Umwelthandeln: Was können Erziehende tun, was können Kinder tun?

## 1. Arbeitsschritt: Thematischer Einstieg mit Kurzreferat/Lesetext

Den Teilnehmenden eines Elternabends, einer Teamsitzung etc. wird der Text in Form eines Kurzreferates von der Team-/Seminarleitung vorgetragen. Alternativ kann er auch in Einzelarbeit von den Teilnehmenden als Lesetext zur Vorbereitung verteilt werden. Nach der Texterarbeitung können Verständnisfragen geklärt werden.
Die Teilnehmenden sollen sich mit dem Umwelthandeln, mit der praktischen Umsetzung eines veränderten Lebensstils im Alltag für Kinder und Erwachsene auseinandersetzen und persönliche Handlungskonsequenzen entwickeln.

## 2. Arbeitsschritt: Kleingruppenarbeit

Der Umweltpass, der das praktische Umwelthandeln der Kinder, die Initiative „Kinder werden Umweltfreunde" unterstützt, soll in den Kleingruppen diskutiert werden.
Praktischen Konsequenzen zur Veränderung des Lebensstils, dem Umwelthandeln, sollen von den Teilnehmenden mit Hilfe des Umweltpasses entwickelt werden.

## 3. Arbeitsschritt: Auswertung

In der Gesamtgruppe werden die Ergebnisse der Kleingruppen zusammengetragen und alle möglichen Aktivitäten und Aktionen zusammenfassend diskutiert und auf ihre praktische Realisierung überprüft. Den Teilnehmenden können Kopiervorlagen für Umweltpässe (→ S. 137) für ihre Kinder und Gruppen übergeben werden.

In der Gesamtgruppe kann noch einmal die Vielfalt der kleinen praktischen Handlungsschritte im Umwelthandeln deutlich werden, die Erwachsene gemeinsam mit ihren Kindern gehen können. Es soll Mut zur Initiative gemacht werden.

## Arbeitsmaterialien

### Kurzreferat/Lesetext: Umwelthandeln: Was können Erziehende tun, was können Kinder tun?

**Erwachsene sind Vorbild**
Hat die Umweltbildung mit Kindern das Ziel, ein positives Umweltbewusstsein und praktische Konsequenzen für das Umwelthandeln im Alltag zu entwickeln, so stellt sich zunächst die Frage nach dem „Lebensstil", Einstellungsänderungen fordern Verhaltensänderungen!
Kinder wie Erwachsene müssen dabei auch auf sehr radikale Weise ihre Alltagshandlungen und Möglichkeiten überprüfen, hinterfragen und ggf. ändern. Das Wissen um die weltweite Situation der Umweltkrise und Zerstörung fordert ein radikales Umdenken, insbesondere in Wirtschaft und Politik. Dabei sollte sich der Einzelne nicht entmutigen lassen, kleine Schritte zu sehen und zu gehen, jeder kleine Schritt in die richtige Richtung ist ein guter Schritt! Jeder Mensch sollte sich als wichtiger Teil der Welt sehen und fühlen und seine Möglichkeiten der Gestaltung und Verantwortung wahrnehmen.
Der ganze Mensch muss sich neu gestalten in Bezug auf seine Umwelt. Er muss neu lernen, sie als Wert wahrzunehmen, um sie zu bewahren und schützen zu wollen, neu begreifen, dass er als Mensch Teil der Umwelt ist und dass die Umweltzerstörung eine Zerstörung des eigenen Lebensraumes ist.

Jeder Mensch sollte auch kleine Schritte erkennen und gehen und nicht vor den großen Zusammenhängen resignieren. Die „Minimalistische Verantwortungsethik“ kann helfen, den Handlungsrahmen realistisch zu stecken. Sie verweist darauf, dass jeder Mensch einen Handlungsrahmen hat, in dem er seine persönliche Verantwortung für das gemeinschaftliche Leben, für Umwelt und Gesellschaft übernehmen kann. Jeder soll diesen Rahmen für sich sehen, stecken und in seinen Möglichkeiten die volle Verantwortung übernehmen: „Ich bin für alles verantwortlich, worauf ich einwirken kann, nur für dieses, aber für dieses alles. Ich bin in meinem persönlichen Umfeld für alles, worin ich tätig werden kann, zum Schutz, zum Erhalt und zur vorratspfleglichen Nutzung der natürlichen Umwelt voll verantwortlich.“[32]
Kinder lernen am Verhalten der Erwachsenen. Erwachsene müssen sich ihrer Wirkung, ihrer Vorbildwirkung im Denken und Handeln bewusst sein. Die Kinder spüren, welches Bild die Erwachsenen vom Leben, von der Umwelt haben und sie lernen am Verhalten der „Großen“. Was aber wird den Kindern vorgelebt, welche Werte werden im Hinblick auf Natur und Umwelt vermittelt? Vielfach wird der gesellschaftliche Fortschritt nur aus wirtschaftlich ökonomischer Sicht definiert und die ökonomischen und sozialen Werte und Ziele werden nachrangig oder gar nicht als „Fortschritt“, Erfolg und Entwicklung definiert. Auch der Ordnungs- und Sauberkeitssinn wird meist viel höher bewertet werden, als der Natur- und Umweltsinn. Dem Kind wird im Alltagsleben eine Wertehaltung vermittelt, die überdenkenswert ist.
Beispielsweise scheint ein zugepflasterter Innenhof mit festgelegten Pflanzecken im Vorgarten oder in der Kleingartenkultur höher in der Wertschätzung, als ein Garten mit Wildpflanzen und wild wachsenden Kräutern. Wie soll ein Kind das verstehen? Welches Natur- und Umweltverständnis bildet sich da?. Ein Kind beobachtete, wie Löwenzahn aus den Ritzen einer gepflasterten Einfahrt herausgezupft wurde. Es fragte dann den Großvater: „Opa, was hat denn der Löwenzahn getan, dass er da einfach rausgezupft wird?“ An der kindlichen Beobachtung und Fragestellung wird die Gefühlsbeziehung des Kindes zur Natur deutlich. Das Kind nimmt noch am Wachsen, am lebendigen „Sein“ der Pflanzen teil. Das Beispiel kann aber auch deutlich machen, wie schnell eine solche Beziehung möglicherweise durch unbedachte Äußerungen zerstört werden kann. Warum eigentlich ist es so schlimm, wenn Gräser und Löwenzahn sich in ihrer ganzen Kraft noch durch die Betonritzen kämpfen – sofort werden sie als „unordentlich“ und wertlos herausgezupft. Warum ist es eigentlich dazu gekommen, dass jedes heruntergefallene Laub als „Schmutz“ bezeichnet wird? Die schmutzverursachenden Flugzeuge und Autos mit dem noch dazugehörigen Lärm werden in Alltagsdiskussionen wenig kritisiert. Bei genauerer Betrachtung präsentieren wir Kindern eine „verdrehte Welt“. Eine Welt, die mit dem Wohl der Menschen und der guten nachhaltigen Gestaltung der Umwelt als Lebensraum wenig zu tun hat.

**Geschlechtergerechte Erziehung**

Die umweltpädagogische Arbeit mit Kindern fordert auch den Blick auf ein geschlechtsspezifisches Verhalten. Das so genannte „Spinnenverhalten“ dokumentiert eindrucksvoll ein geschlechtsspezifisches Verhalten in Bezug auf Natur und Umwelt. Eine Museumspädagogin berichtete, dass es in ihren Spinnenseminaren eine fast durchgängig typisch männliche und typisch weibliche Reaktion beim Anblick von unbekannten, ungewöhnlichen Spinnen gibt. Beim ersten Anblick einer großen, zunächst vielleicht Angst einflößenden Spinne schreien die Mädchen fast immer und wollen wegrennen, die Jungen hingegen reagieren mit Aggression: „Die zerdrück ich, die mach ich platt!“ Wenn man den Fluchtimpuls mit dem Zerstörerimpuls vergleicht, ist das Zerstörerische für Mensch, Tier und Umwelt das bedrohlichere Verhalten, welches zu verändern ist. Beide Reaktionsweisen lösen sich aber, wie die Museumspädagogin berichtete, nach einer vertiefenden Auseinandersetzung, bei einer forschenden Bildung in Interesse und Neugierverhalten auf.
Das oftmals „männlich“ geprägte, zerstörerische und einseitig ökonomisch orientierte Denken und Verhalten sollte weiter erforscht und analysiert werden. Es kann nicht Sinn von Emanzipation sein, wenn Mädchen in so genannte „Männerberufe“ eingeführt werden und versuchen, sich so genannten Männerdenkweisen und Verhaltensweisen anzupassen. Es ist sinnvoller, die sozialen Elemente im Menschen, das

[32] Baier, 1990

Sorgende, Fürsorgende und Pflegerische schon früh speziell auch bei Jungen zu fördern, damit das so genannte männliche und weibliche in jedem Menschen wachsen kann und zerstörerische Tendenzen immer mehr überwunden werden.
Dieses kleine Alltagsbeispiel verweist auf die Notwendigkeit, in der Umweltbildung auch geschlechtsspezifische Denk- und Bildungsansätze zu verfolgen. Im Sinne einer nachhaltigen umweltgerechten Entwicklung sollten bei Jungen und Mädchen die schützenden und pflegerischen Qualitäten gefördert und entwickelt werden und soziale Werte des Menschen Hochachtung erfahren.

**Umwelthandeln**
Wollen wir Verhaltensänderungen erreichen, so müssen wir gemeinsam mit den Kindern Lebensstile entwickeln, die sich auf ein nachhaltig umweltfreundliches Leben zum Wohle der Menschen konzentrieren. In diesem Sinne muss die Umweltkommunikation mit dem praktischen Umwelthandeln verbunden werden. Kinder und Erwachsene sollten sich mit Themen wie z. B. Konsum, Werbung, Verschwendung, Gerechtigkeit, Solidarität, Ausnutzung, Verzicht in Gesprächen im Alltag auseinandersetzen. Nach einer zunächst theoretischen Fragestellung lassen sich für den Einzelnen, für die Familie, für die Gruppe, Klasse, Gemeinschaft Handlungsabsichten und Kontrollen verabreden:

- Wo stehe ich als Erziehender, was kann ich tun?
- Wo steht das Kind?
- Was kann das Kind schon tun?
- Was können wir tun?
- Wie können wir unsere guten Absichten kontrollieren?

Jede noch so kleine Initiative lässt sich in ein konkretes Umwelthandeln verwandeln.
Das kindliche Alltagsleben und die altersspezifischen Fähigkeiten erlauben, auch im Sinne der vorgestellten Umweltkommunikation, eine vertiefende Auseinandersetzung mit Handlungskonsequenzen zu vielen Grundthemen.

*Umweltschutz:*
Das Thema „Umweltschutz" sollte dem Kind zunächst in einer positiven Weise vermittelt werden. Das Kind sollte einen Umwelt-Sinn entwickeln, der Lust wecken kann, sich langfristig um den Schutz der Umwelt zu kümmern. Sollen mit den Kindern speziell zum Thema „Umweltschutz" Gespräche geführt werden, so können folgende Fragen hilfreich sein: Was ist Umweltschutz? Was ist überhaupt Schutz? Wer muss geschützt werden? Warum muss jemand oder irgendetwas geschützt werden? Müssen Menschen auch geschützt werden? Warum braucht die Umwelt Schutz? Wovor muss die Umwelt geschützt werden? Wie können Menschen die Umwelt schützen? Was können wir tun, was können andere tun?

*Konsum/Verschwendung:*
Konsum ist ein schwieriges Thema für Kinder und Erwachsene, einerseits beherrscht der Konsum das Alltagsleben auch schon von Kindern, andererseits stellt sich immer wieder die Frage: Was ist lebensnotwendig, was ist lebenswert und lebensstabilisierend? Was ist echter Genuss und Spaß und wo beginnen die Verschwendung und der Konsum?
Schon in kleinen Alltagssituationen wird unsere „Konsum- und Wegwerfhaltung" deutlich. Mit Kindern Verschwendungssituationen des Alltags (z. B. Benutzen von Einwegflaschen, Wasser laufen lassen beim Zähneputzen, Energieverschwendung, Papier nur einseitig benutzen …) zu thematisieren, kann eine bewusste Auseinandersetzung und ein entsprechendes umweltfreundliches Verhalten im Alltag fördern. Zur Gestaltung eines umweltgerechten Lebensstils sollte mit Kindern das Thema „Konsum-Verschwendung" kritisch bedacht und besprochen werden, z. B. mit folgenden Fragestellungen: Was ist Konsum? Was ist Verschwendung? Brauchen die Menschen alles, was sie sich kaufen? Was kaufst du? Was kaufst du, was du eigentlich nicht brauchst? Kaufst du etwas, weil alle das haben? Macht es Spaß, einfach etwas einzukaufen? Warum macht es Spaß? Wer sagt eigentlich, dass wir so viel einkaufen sollen? Was ist eigentlich Verzicht? Warum sollte man vielleicht einfach einmal etwas nicht kaufen? Was ist wichtig zum Leben? Was macht einfach nur Spaß? Ist Spaß auch wichtig? Was kaufst du dir oder wünscht du dir, was einfach nur Spaß macht oder schön ist?

*Werbung:*
Auch die Werbung wirkt bewusst und unbewusst in den Alltag der Kinder hinein und kann so das Ver-

halten und das Bewusstsein deutlich prägen. Sich mit Kindern gemeinsam auf eine kritische „Werbeanalysereise“ zu machen, kann sehr interessant und hilfreich sein. So kann man Zeitschriften durchblättern und Werbung zählen lassen und die Werbung als Gesprächsanlass nehmen. Warum gibt es überhaupt „Werbung“? Wer macht Werbung und warum? Wollen die Leute, die Werbung machen, dass es dir gut geht oder wollen sie vor allem dein Geld?

*Gerechtigkeit – Solidarität:*
Beginnen Kinder sich Gedanken zur Gestaltung des Lebens zu machen, so können auf kindgerechte Weise Themen der „Gerechtigkeit und Solidarität“ angesprochen werden. Im Zusammenhang mit dem Konsumverhalten im unmittelbaren Alltag, kann auch auf Menschen verwiesen werden, die viel weniger Geld und Möglichkeiten haben, sich etwas zu kaufen, worauf sie gerade Lust haben. Das Gefühl für den Nächsten, die Nächsten- und die Fernstenliebe und Solidarität mit den Menschen, denen es schon an den lebensnotwendigsten Dingen fehlt, bedarf auch bei Erwachsenen in der Regel eines lebenslangen Bewusstseins- und Bildungsprozesses.
Die Frage der Gerechtigkeit und Solidarität prägt das Leben auf allen Ebenen. Das Bewusstsein dafür sollte aber bei Kindern schon früh grundgelegt werden und sich entwickeln können, einführende Fragen könnten hilfreich sein: Was ist Gerechtigkeit? Wann ist jemand gerecht, wann ungerecht? Wie können Menschen anderen Menschen helfen? Wie kannst du jemanden helfen? Was kannst du für die Gerechtigkeit tun? Was kann die Gruppe oder Familie tun? Wer kann sonst noch helfen, dass es mehr Gerechtigkeit gibt?

Der Philosoph V. Hösle zweifelt angesichts des kollektiven Wettlaufs in die Katastrophe an der Weisheit des Menschen. Er betont, dass Weisheit mit Harmonie und nicht mit Zerstörung zu tun hat und zitiert B. Brecht[33]:

> Sie sägten die Äste ab, auf denen sie saßen
> und schrieen sich ihre Erfahrungen zu,
> wie man schneller sägen könnte, und fuhren
> mit Krachen in die Tiefe, und die ihnen zusahen
> schüttelten die Köpfe beim Sägen und sägten
> weiter.

Aufgabe einer Umweltbildung und einer ökologischen Philosophie ist die Förderung der „Idee des Guten“ und die Reflexion des eigenen individuellen Handelns und des globalen Lebens. Hösle hofft dabei, an einem Wendepunkt der Geschichte der Menschheit zu stehen „Wir dürfen hoffen, dass es einer kollektiven Kraftanstrengung aller Menschen guten Willens gelingen wird, einer Welt vorzuarbeiten, in der die Freiheit des Einzelnen nicht nur versöhnt ist mit den Rechten der Gemeinschaft, sondern auch mit der Natur …“.[34] Erwachsene und Kinder sollten sich gegen die zerstörerischen Kräfte im Sinne Hösles auf den Weg der Weisheit und Harmonie begeben und die Idee des Guten verfolgen, nämlich ein Zukunftshaus mit guten Lebensqualitäten für alle bauen und gestalten zu wollen!

## Arbeitsaufgabe – Umwelthandeln

Besprechen Sie in der Kleingruppe, wie das aktive Umwelthandeln im Alltag von Erwachsenen und Kindern gefördert werden kann.
Diskutieren Sie die Aktion Umweltpass (→ S. 135f.) mit den aufgeführten Verpflichtungen:

- Ich möchte mich an der Umwelt freuen, dort spielen und etwas Schönes erleben!
- Ich möchte alles Leben schützen!
- Ich möchte nichts verschwenden!
- Ich möchte, dass die Natur und Umwelt für alle Menschen und Tiere da ist, deshalb möchte ich sie schützen!
- Ich möchte nichts zerstören!
- Ich will helfen, dass etwas Neues wächst!
- Ich bin eine Umweltfreundin – Ich bin ein Umweltfreund!

Was kann ich tun?

Wie und wo können Erziehende die innere Umweltbewegung der Kinder durch „Umweltpässe“ und andere Aktivitäten unterstützen und fördern?

---
[33] Brecht in: Hösle, 1994
[34] Hösle, 1994

# Empfehlenswerte Literatur zur Weiterbildung


## Umweltbildung

Lutz, E./Netscher M., Handbuch ökologischer Kindergarten, Freiburg 1996.
Winkel, G., Umwelt und Bildung, Seelze 1995.
Kleber, E. W., Grundzüge ökologischer Pädagogik, Weinheim 1993.
Meyer-Abich, K. M., Aufstand für die Natur, München 1990.
Frädrich, J./Loewenfeld, M., Umwelt und Natur, Ravensburg 1994.
Reidelhuber, A., Umweltbildung, Freiburg 2000.
Mayer, F./Witte. U., Nachhaltiges Leben lernen, Schwalbach 2000.
Baier, H. u. a., Umwelt, Mitwelt, Lebenswelt im Sachunterricht, Bad Heilbrunn 1999.
Haan, G. de: Ökologie-Handbuch Grundschule, Weinheim 1989.

## Naturerleben mit Kindern

Bezdek, U./Bezdek, M./Bezdek, P., Kinder in ihrem Element, München 2000.
Institut für Bildung und Entwicklung (Hrsg.), Naturerfahrungen im Kindergarten, München 2000.
Cornell, J., Mit Kindern die Natur erleben, Fulda 1999.
Bergmann, H. u. a., Kleine grüne Wunder, Freiburg 1998.
Messner, C./Gasser, M. (Hrsg.), Umwelt erfahren – Umwelt bewahren, Lichtenau 1994.
Wagner, R., Naturspielräume gestalten und erleben, Münster 2001.
Krumbach, M., Larix, Taxus, Betula. Spiele, Aktionen zum Baum, Münster 1999.

## Wahrnehmung/Sinneswahrnehmung

Löscher, W., Vom Sinn der Sinne, München 2000.
Wilken, H., Voll Sinnen spielen, Münster 1999.
Zimmer, R., Handbuch der Sinneswahrnehmung, Freiburg 1995.
Kükelhaus, H., Entfaltung der Sinne, Frankfurt 1984.

## Kindheit allgemein / Lernverhalten

Rolff, H. G./Zimmermann, P., Kindheit im Wandel, Weinheim 1997.
Hempel, M. (Hrsg.), Lernwege der Kinder, München 1999.
Liebertz, C., Das Schatzbuch ganzheitlichen Lernens, München 2002.
Teml, H., Entspannt lernen, Linz 1998.
Garz, D., Moral, Erziehung und Gesellschaft, Bad Heilbrunn 1998.

## Kommunikation / Umweltkommunikation

Schulz von Thun, F., Miteinander reden. Störungen und Klärungen, Hamburg 1998a,b.
Schreier, H., Mit Kindern über Natur philosophieren, Heinsberg 1997.
Horster, D., Das Sokratische Gespräch in Theorie und Praxis, Opladen 1994.

## Umweltethik / Nachhaltigkeit / Agenda

Ökowerk Emden e.V., UM-die-Welt-Buch,1999. Bezug: Ökowerk, Kaienweg 40a, 26725 Emden.
Fana, M. (Hrsg.), Ins einundzwanzigste Jahrhundert – Lokale Agenda 21 für eine lebenswerte Zukunft, Oldenburg 1999.
Niedersächsisches Kultusministerium (Hrsg.), Global denken – lokal handeln, Seelze 2001.

Birnbacher, D. (Hrsg.), Ökologie und Ethik, Leipzig 1996.
Hösle,V., Philosophie der ökologischen Krise. München1994.
Weston, A., Einladung zum ethischen Denken, Freiburg 1997.
Schweitzer, A., Die Ehrfurcht vor dem Leben, München 1997.

## Literatur von A-Z

Baier, H. u. a., Umwelt, Mitwelt, Lebenswelt im Sachunterricht, Bad Heilbrunn 1999.
Bergmann, H. u. a., Kleine grüne Wunder, Freiburg 1998.
Bezdek, U., M., u. P., Kinder in ihrem Element, München 2000.
Beck, J./Wellershoff, H., SinnesWandel, Berlin 1989.
Bettelheim, B., Ein Leben für Kinder. Erziehung in unserer Zeit, München 1990.
Betz, F., Die Seele atmen lassen, München 1989.
Bingen, H. von, Edelsteintherapie, Rastatt 1999.
Birnbacher, D. (Hrsg.), Ökologie und Ethik, Leipzig 1996.
Braun, A. (Hrsg.), Wenn der Mond am Himmel steht, Würzburg 1993.
Büchenbacher, H., Kleine Sternbildkunde, Stuttgart 1977.
Bücken, H.,/Baune, U., Kiesel, Schotter, Hinkelstein, Münster 1995.
Capra, F., Wendezeit, München 1998.
Chisholm, J./Myring, L./Snowden, S., Alles, was ich wissen will über Erde, Sterne und Raumfahrt, Ravensburg o. J.
Cornell, J., Mit Kindern die Natur erleben, Fulda 1979.
Deutsche Bundesstiftung Umwelt (Hrsg.), Innovationen für die Umwelt, Berlin 2001.
Deutscher Kinderschutzbund (Hrsg.), Werkheft 1 – Kinderleben, Freiburg 1992.
Deutsches Kinderhilfswerk e.V. (Hrsg.), Kindergesundheit in der Risikogesellschaft, Berlin 1997.
Die Bibel, Einheitsübersetzung, Stuttgart 1980.
Die Zeit, Kinder welch ein Garten!, Magazin Nr. 44/1996.
Dühnfort, E., Vom größten Bilderbuch der Welt, Sternbildgeschichten durch das Jahr, Stuttgart 1996.
Evangelische Jugend Deutschland (Hrsg.), Diese Erde ist uns heilig, Stuttgart 1983.
Fana, M., (Hrsg.) Ins einundzwanzigste Jahrhundert – Lokale Agenda 21 für eine lebenswerte Zukunft, Oldenburg 1999.
Faulbaum, P./Ockel, E., Sonniges Jugendland, Hannover 1979.
Frädrich, J./Loewenfeld, M., Kinder, Umwelt und Natur, Ravensburg 1994.
Frey, J., Lebendige Umwelt – gleich nebenan, Offenbach 1989.
Friesen, A. v., Geld spielt keine Rolle. Erziehung im Konsumrausch, Rowohlt 1989.
Ganter, M., Mit den Kindern durchs Himmelsjahr. Vom unmittelbaren Welterleben zur Rekonstruktion der Welt, Heinsberg 1995.
Garz, D., Moral, Erziehung und Gesellschaft, Bad Heilbrunn 1998.
Haan, G. de, Ökologie-Handbuch Grundschule, Weinheim 1989.
Halbfas, H., Religionsunterricht in der Grundschule. Lehrhandbuch 1–4., Düsseldorf 1985.
Hansen, U. (Hrsg.), Anknüpfungspunkte für die Zukunft der Schöpfung, Ulm 1999.
Herrmann, J., Astronomie. Eine Einführung in die Welt des Kosmos, Gütersloh 1983.
Hempel, M. (Hrsg.), Lernwege der Kinder, München 1999.
Hentig, H. v., Die Schule neu denken, München 1993.
Horster, D., Das sokratische Gespräch in Theorie und Praxis, Opladen 1994.
Hösle, V., Philosophie der ökologischen Krise, München 1994.
Hornung, H., Safari ins Reich der Sterne. Eine Einführung in die Himmelskunde, Hamburg 1992.
Institut für Bildung und Entwicklung (Hrsg.), Naturerfahrungen im Kindergarten, München 2000.
Jung, I., Der Ökogarten für Kinder. Natur verstehen auf kleinstem Raum, Düsseldorf 1985.
Kaiser, A., Praxisbuch „Handelnder Sachunterricht“, Band 2, Hohengehren 1998.
Kaufmann, J., Mein erstes Buch von Himmel und Erde. Von der Erde, der Sonne, dem Mond und den Sternen, Ravensburg 1979.

Kleber, E. W., Grundzüge ökologischer Pädagogik, Weinheim 1993.
Klusen, E., Die schönsten Kinderlieder und Kinderreime, Köln 1987.
Kohlwey, E./Moers E., Mit offenen Sinnen durch den Wald, Lichtenau 1998.
Kopp, U., Das große farbige Kinderlexikon, Niedernhausen 1995.
Krenzer, R., Ein ganzer Tag voll Sonnenschein, Hamburg.
Kreul, A., Wols – Das Maß der Handfläche ist heilig, Kunsthalle Bremen, 2001.
Krüss, J.,: Der Zauberer Korinthe, Hamburg 1982.
Kruse, M./Laimgruber, M., Von Sonne und Erde, Wasser und Luft, Hildesheim.
Kükelhaus, H., Entfaltung der Sinne, Frankfurt 1984.
Lambert, D., Alles über die Erde, Würzburg 1989.
Löscher, W., Vom Sinn der Sinne, München 2001.
Lutz, E./Netscher M., Handbuch ökologischer Kindergarten, Freiburg 1996.
Liebertz, C., Das Schatzbuch ganzheitlichen Lernens, München 2002.
Martin, L. (Hrsg.), Mein erstes Buch vom Licht, Nürnberg.
Mayer, F./Witte, U., Nachhaltiges Leben lernen, Schwalbach 2000.
Maschwitz, G. u. U., Gemeinsam Stille entdecken, München 1995.
Messner, C./Gasser, M. (Hrsg.), Umwelt erfahren – Umwelt bewahren, Lichtenau 1994.
Meyer-Abich, K. M., Aufstand für die Natur, München 1990.
Meyrowitz, J., Die Fernseh-Gesellschaft, 1984.
Niedersächsisches Kultusministerium (Hrsg.): Global denken – lokal handeln, Seelze 2001.
Öko-Test-Magazin, Das Umwelt-Bastelbuch für Kinder, Freiburg.
Ökowerk Emden e.V. (Hrsg.), UM-die-Welt-Buch, Emden 1999.
Piaget, J., Das moralische Urteil beim Kinde, München 1986.
Piaget, J./Inhelder, B., Psychologie des Kindes, Olten 1976.
Press, H. J., Spiel, das Wissen schafft, Ravensburg.
Preuschoff, G., Kinder zur Stille führen, Freiburg 1996.
Proksch, C., Taijiquan, Neuwied 1987.
Portmann, A., Primäre Weltsicht des Kindes, 1960.
Reich, H., (Hrsg.), Sonne, Mond und Sterne, Luzern.
Reidelhuber, A., Umweltbildung, Freiburg 2000.
Reiners, L. (Hrsg.), Der ewige Brunnen, München 1955.
Rettich, M./Harries, E., Kindergedichte, Ravensburg 1981.
Rolff, H. G./Zimmermann, P., Kindheit im Wandel, Weinheim 1997.
Ruffault, C., Leben unter der Erde, Ravensburg 1988.
Saint-Exupéry, A., Der kleine Prinz, Düsseldorf 1999.
Schneider,W., Sinn und Un-sinn, Wiesbaden und Berlin 1987.
Schreier, H., Mit Kindern über Natur philosophieren, Heinsberg 1997.
Schubert, E., in: Kindergarten heute 6/94, Freiburg.
Schulz von Thun, F., Miteinander reden. Störungen und Klärungen, Reinbek 1998 a,b.
Schweitzer, A., Die Ehrfurcht vor dem Leben, München 1997.
Sellmann, M./Conein, S. (Hrsg.), Vernetzen lernen!, Bad Honnef 1998.
Steinwedde D., Wo die Sonne übernachtet, Gütersloh.
Teml, H., Entspannt lernen, Linz 1998.
Varela, F. J., Ethisches Können, Edition Pandora Campus 1994.
Verdet, J.-P., Die Nacht, der Mond und die Sterne, Ravensburg 1987.
Vester, F., Denken, Lernen, Vergessen, München 1982.
Wagener, G., Die Mondin, München 1988.
Weston, A., Einladung zum ethischen Denken, Freiburg 1997.
Winkel, G., Umwelt und Bildung, Seelze 1995.
Wilken, H., Voll Sinnen spielen, Münster 1999.
Dies., Spielsignale, Ettlinger Verlag 1989.
Dies., Bewegen und Begegnen im Alter, Münster 1995.
Winn, M., Die Droge im Wohnzimmer, Reinbek 1979.
Zimmer, R., Handbuch der Sinneswahrnehmung, Freiburg 1995.

# Quellen

S. 42f.: Käthe Recheis / Helga Zoglmann, Die Erde ist schön, entnommen aus: Käthe Recheis / Helga Zoglmann: Die Kinder der Prärie und andere Indianergeschichten, © Kerle im Verlag Herder, Freiburg, Wien, 2. Aufl. 1992.

S. 45f.: Irmgard Baum, An dich Mutter Erde, entnommen aus: Ursula Hansen: Anknüpfungspunkte für die Zukunft der Schöpfung. Ein Werkbuch, Schwabenverlag Ostfildern.

S. 46: Dorothée Sölle, Weisheit der Indianer, entnommen aus: Hans-Joachim Gelberg (Hrsg.): Überall und neben dir, 1986, Beltz Verlag, Weinheim und Basel, Programm Beltz & Gelberg, Weinheim.

S. 57f.: James Krüss: Das Feuer, entnommen aus: © James Krüss, 1961, Der wohltemperierte Leierkasten, C. Bertelsmann Verlag, ein Unternehmen der Verlagsgruppe Random House.

S. 73: James Krüss: Das Wasser, entnommen aus: © James Krüss, 1961, Der wohltemperierte Leierkasten, C. Bertelsmann Verlag, ein Unternehmen der Verlagsgruppe Random House.

S. 73f.: Rosemarie Neie, Draußen, entnommen aus: Rosemarie Neie: Es war so lang der Tag, L. Auer, Donauwörth.

S. 83f.: Hans Baumann: Wölkchen, © Elisabeth Baumann, Murnau

S. 84f.: Robert Louis Stevenson, Der Wind, übersetzt von Josef Guggenmos, entnommen aus: Robert Louis Stevenson: Mein Königreich, Signal-Verlag, Baden-Baden, 1975.

S. 86f.: Rosemarie Neie: Was der Wind tut, entnommen aus: Es war so lang der Tag, L. Auer, Donauwörth.

S. 96: Eva Rechlin-Bartoschek, Die Reise der Sonne, © Eva Rechlin-Bartoschek.

S. 96: Josef Guggenmos, Der Regenbogen, entnommen aus: Josef Guggenmos: Was denkt die Maus am Donnerstag?, 1998, Beltz Verlag, Weinheim und Basel, Programm Beltz & Gelberg, Weinheim.

S. 98f.: Gina Ruck-Pauquèt (Übersetzung aus dem Englischen): Der kleine Mondbär, © für die deutsche Übersetzung bei Gina Ruck-Pauquèt.

S. 102f.: Max Bolliger, Der kleine Stern, © Max Bolliger.

S. 114: Joachim Ringelnatz, Der Stein, entnommen aus: Joachim Ringelnatz: Sämtliche Gedichte, © 1997 Diogenes Verlag AG Zürich.

S. 114: Eckart Bücken, Fünf Steine, © 1991 by Burckardthaus, Laetare Verlag GmbH, Offenbach a.M.

S. 130f. James Krüss: Das Lied vom Wald, entnommen aus: © James Krüss, 1961, Der wohltemperierte Leierkasten, C. Bertelsmann Verlag, ein Unternehmen der Verlagsgruppe Random House.

# Initiative „Kinder werden Umweltfreunde"

## Aufgaben und Ziele

Die Initiative „Kinder werden Umweltfreunde" möchte eine möglichst breite Umweltbewegung der Kinder schon ab dem Vor- und Grundschulalter aufbauen und fördern. Ziel ist es, ein positives Umweltbewusstsein zu entwickeln und auszubauen. Kinder sollen eine positive wertschätzende Beziehung zu Mensch, Natur und Dingen entwickeln und pflegen können, damit sie jetzt und in Zukunft bereit sind, sich mit Verantwortung für die Umwelt zu engagieren.

Aufgabe der Initiative ist die umweltpädagogische Beratung von Kindergärten und Grundschulen, die Planung, Organisation und begleitende Durchführung von

- Umweltfesten und Umweltpassaktionen,
- Umweltprojekten, Umweltaktionen, Umweltclubs etc.
- Aktionen zu Kinder-Umwelt-Kunst.

Außerdem bietet die Initiative umweltpädagogische Fortbildungen für Erzieherinnen und Grundschullehrkräfte an und leistet umweltpädagogische Medien- und Öffentlichkeitsarbeit.

## Infos und Kontakt

Wollen Sie Mitglied oder Förderer der Initiative werden, sie finanziell oder ideell unterstützen, können Sie weitere Informationen oder Anmeldeunterlagen anfordern unter:
umfreunde@web.de